Hermann Diemar

Die Entstehung des deutschen Reichskrieges gegen Herzog Karl den Kühnen von Burgund

Habilitationsschrift

Hermann Diemar

Die Entstehung des deutschen Reichskrieges gegen Herzog Karl den Kühnen von Burgund
Habilitationsschrift

ISBN/EAN: 9783743632646

Hergestellt in Europa, USA, Kanada, Australien, Japan

Cover: Foto ©berggeist007 / pixelio.de

Weitere Bücher finden Sie auf **www.hansebooks.com**

Die entstehung des deutschen reichskrieges gegen Herzog Karl den ...

Hermann Martin Diemar

Die Entstehung des deutschen Reichskrieges
gegen Herzog Karl den Kühnen von Burgund.

Habilitationsschrift

zur

Erlangung der venia docendi für mittlere und neuere Geschichte,

durch welche, unter Zustimmung

der hohen philosophischen Fakultät der Universität Marburg,

zu seiner

Sonnabend den 25. April 1896, Mittags 12 Uhr

stattfindenden Antrittsvorlesung über

„Maximilian I und die Niederlande"

ganz ergebenst einladet

Dr. phil. Hermann Diemar

aus Cassel.

Marburg 1896.

FR. LINTZ'sche Buchdruckerei in Trier.

So erstaunlich der Reichtum der Quellen ist, die uns den Verlauf des merkwürdigen Reichskrieges von 1474 und 1475 vor Augen führen, von Tag zu Tag seine Entwicklung widerspiegelnd [1]), so dürftig sind wir in vielen Stücken über die Vorgeschichte des Krieges unterrichtet. Doch sind gerade in den letzten Jahren wieder grosse Fortschritte in der Aufgabe gemacht worden, aus zahlreichen Archiven die einzelnen Fäden bloszulegen, die einst in ihrer mannigfaltigen Verknüpfung zu jenem kriegerischen Ereignis geführt haben. Da es mir nun auch möglich war, durch eigene Archivbenutzung, namentlich durch gründliche Ausbeutung des hier sehr ins Gewicht fallenden Kölner Stadtarchivs noch weiter viele Lücken des Geflechts auszufüllen, so mag eine zusammenhängende Darstellung, versucht werden von Begebenheiten, die bisher nur bruchstückweise bekannt gewesen sind, über die deshalb in manchem Punkte irrige Ansichten geherrscht haben [2]).

Am 14. Februar 1463 starb, auf seinem Schloss zu Zons der Kölner Erzbischof Dietrich von Mörs. Er hinterliess sein Stift in einem trostlosen Zustand, über und über mit Schulden belastet, die ehemals reichen Einkünfte, vor allem die Zölle, grossenteils an eine Schar von Gläubigern versetzt, die Mehrzahl der Ämter und Schlösser in der Hand mächtiger Pfandherren. Zwei Gedanken forderten jetzt ihre Verwirklichung: vor der Neuwahl war eine Grundlage künftiger Ordnung zu schaffen, die Wahl selbst aber musste einhellig sein, wenn es möglich werden sollte, aus diesen Zuständen herauszukommen. Der Mainzer Bistumsstreit stand vor aller Augen. Der Verstorbene war noch nicht beigesetzt, da traf man schon Verabredungen zu einmütiger Kur und zu Beratung wegen der obwaltenden Beschwerden. Alsbald berief das

---

[1]) In einer grösseren Veröffentlichung hoffe ich demnächst dies deutlich zu zeigen.

[2]) Auf überwundene Irrtümer älterer und neuerer Schriften ausdrücklich zu verweisen, vermeide ich zumeist.

1

Domkapitel, die Amtleute und Untersassen des rheinischen Stiftslandes
zu einer Versammlung nach Köln, schon in den ersten Märztagen finden
wir dort Vertreter der stiftischen Stände bei einander.

Aber in eben diesen Tagen erschienen dort beim Domkapitel zwei
Sendboten des Herzogs Philipp von Burgund, Graf Johann von Nassau-
Breda und Meister Anton Haverer, Propst zu Utrecht und Mons. Auch
der Stadt trugen sie mit vielen schönen und süssen Worten von Freundschaft und Gunst ihres Herrn ihr Anliegen vor. Danach empfahl der
gute Herzog Philipp für den erledigten Stuhl seine beiden Schwester-
söhne, Grafen von Bourbon, die Bischöfe Karl von Lyon und Ludwig
von Lüttich. Über den Plan sei schon vielfach verhandelt worden, der
alte Erzbischof wie auch der Papst seien dafür gewesen. Die Brüder
seien zwar Walen, aber ihre Mutter (Agnes) stamme aus dem deutschen
Hause Bayern: deren und Philipps Mutter (Margarethe) war nämlich
eine Tochter Albrechts von Bayern-Straubing, Grafen von Holland.
Nicht nur Holland und Seeland, auch Brabant und Luxemburg erklärte
Philipp von dem Hause Bayern geerbt zu haben. Übrigens könne Ludwig
ausser lateinisch und wälsch auch deutsch. Und schliesslich: bei der
Kirche Christi solle doch kein Ansehen der Person sein. Die beiden
Bischöfe hätten in ihren Stiftern jährlich 16000 Gulden Einkommen,
damit könnten sie ihren Staat halten; aus den Kölner Stiftsrenten könne
man dann die versetzten Güter einlösen und der Kirche aus ihren Gebrechen helfen. Es sei nicht zu besorgen, dass die Walen in allen
Ämtern regieren sollten, das sei Herzog Philipps Gewohnheit nicht: in
Brabant, im Bistum Utrecht (wo Philipps natürlicher Sohn David sass)
sei das Regiment Landeskindern befohlen; Stift und Stadt werde gleich
gehalten werden mit den Unterthanen des Herzogs.

Die Stadt lehnte die erbetene Verwendung beim Kapitel ab. Sie
habe als eine der vier freien Reichsstädte keine Gemeinschaft mit dem
Stift und bekenne keinen anderen Obersten als den Kaiser. Und was
das Kapitel selbst betraf, so konnte dieses unmöglich des Sinnes sein,
auf die grossburgundischen Pläne Philipps einzugehen. Aber wenn
der Herzog drohen liess mit dem Recht des Papstes, auch eine regel-
recht vollzogene Wahl umzustossen, falls gewichtige Gründe gegen sie
sprächen — was sei nun mehr Grund, als die Armut und Bedrückung
dieser Kirche, der der Papst zu helfen schuldig sei —, so lag darin
für das Kapitel eine verstärkte Mahnung, aus sich selbst Ordnung zu
schaffen und Eintracht zu halten. Man musste vermeiden, was Philipp
in Aussicht stellte: dass der Papst durch Einsetzung eines der Bourbons

dem Herzog die Gelegenheit zum Eingreifen bieten könnte. Dass er sie benutzen werde, liess er sehr offen erklären[3]).

Für den 13. März war ein Tag der Amtleute und Untersassen des Stiftes angesetzt. Am 15. einigten sich bereits die Städte Andernach, Linz, Ahrweiler, Bonn, Zülpich, Zons, Neuss, Kaiserswerth, Ürdingen und Kempen mit dem Kapitel wegen der Artikel, die der künftige Erzbischof beschwören solle[4]). Köln, immer ängstlich bemüht, seine bestrittene reichsstädtische Stellung zu wahren, hatte es abgelehnt, mit den Stiftsstädten gemeinsam vorzugehen. Auch dem grossen Bündnis blieb Köln fern, das dann in der That zu Stande gekommen und die Grundlage aller künftigen Verfassung des Stiftes geworden ist. Das Domkapitel, 10 Edelmannen, über 80 Mitglieder der Ritterschaft und 13 Städte[5]) des rheinischen Erzstiftes schlossen in ihrer berühmt gewordenen Urkunde vom 26. März 1463[6]) eine Erblandeseinung, auf die jeder neu zu wählende Erzbischof vor der Huldigung eidlich verpflichtet werden solle. Forderungen des Augenblicks erweitern sich hier zu allgemeinen Grundsätzen ständischer Freiheit. Von dem künftigen Herrn wird verlangt, dass er in den geistlichen und weltlichen Gerichten, auch den Freigerichten Westfalens, Ordnung halte, die Freiheiten seiner Unterthanen schütze, keinen Krieg anfange ohne die Zustimmung der Landschaft, der Untersassen Leib und Gut nicht verschreibe, Edelmann und Ritterschaft bei ihren Zollfreiheiten lasse und alle entweder mit dem Domkapitel gemeinsam oder zu dessen Gunsten getroffenen erzbischöflichen Verträge, die bisherigen wie die künftigen, wahre. Dazu erhält das Kapitel ausgedehnte Rechte. Nicht nur, dass es bei Schuldverpflichtungen vorher zu befragen ist, es darf vor allem seinerseits die Stände versammeln. Er muss dies thun auf ihren Antrag, sonst wird der Erbmarschall sie berufen. Namentlich der Fall ist vorgesehen, dass der Erzbischof diese Landeseinung oder aber Eid und Verschreibung, die er dem Kapitel leisten soll, nicht hielte: dann sollen auf den Ruf des Kapitels die Stände sich versammeln und, wenn der Erzbischof die Gebrechen nicht abstellt, nicht mehr ihm, sondern dem Kapitel gehorchen.

Eine ähnliche Landeseinung schloss das Kapitel, ebenfalls vor der

---

[3]) Dies alles nach dem prächtigen gleichzeitigen Kölner Bericht Deutsche Städtechroniken 15 S. 373 ff.

[4]) Siehe Annalen des histor. Vereins für den Niederrhein 59 S. 239.

[5]) Ausser den obigen noch Rheinbach, Lechenich und Rheinberg.

[6]) Gedr. Lacomblet, Niederrhein. Urkundenb. IV S. 398 Nr. 325.

Wahl des neuen Herrn, auch mit Ritterschaft, Städten und gemeiner Landschaft des kölnischen Herzogtums Westfalen ab[7]). In den meisten Hauptpunkten stimmt sie überein mit der rheinischen, doch hat sie auch eine Reihe ihr eigentümlicher Bestimmungen, wogegen von den Punkten der rheinischen Urkunde, auch den oben genannten, eine Anzahl fehlt oder anders gefasst ist. Erwähnt sei nur, dass von jenen besonderen eidlichen Verpflichtungen, die der zu Wählende gegenüber dem Kapitel übernehmen sollte, nicht die Rede ist. Gerade diese Verpflichtungen aber haben nachher eine verhängnissvolle Rolle gespielt.

Worin bestanden sie? Wir besitzen eine Urkunde vom 19. März[8]), in der die Kapitulare — 15 Edelkanoniker und 7 Priesterkanoniker — unter sich ausmachen, dass zur Tilgung der unter Erzbischof Dietrich übernommenen schweren Schuldenlast der künftige Erzbischof dem Kapitel den ganzen Zoll und das Amt Zons, den halben Zoll zu Kaiserswerth und den dritten Teil einer etwa einkommenden allgemeinen Stiftssteuer überweisen müsse. Damit war es aber bei weitem nicht allein gethan. Man erstaunt, wenn man alle die Punkte liest, die das Kapitel dem neuen Erzbischof als vor seiner Wahl beschlossen hat vorlesen lassen, und die er unverbrüchlich zu halten, nach seiner päpstlichen Bestätigung von neuem zu beschwören, auch sie — soweit das Kapitel es wünsche — vom Papst bestätigen zu lassen in der That eidlich gelobt hat[9]). Da bildet die Bewilligung obigen Vertrages nur einen Punkt unter vielen, die in ihrer Gesamtheit dem Erzbischof kaum noch die geringste Bewegungsfreiheit übrig liessen, dem Kapitel aber die weitgehendsten Befugnisse und Vergünstigungen gewährten. Man möchte bezweifeln, ob eine solche Übertragung aller Machtmittel auf das Kapitel von vorn herein im Sinne aller Mitglieder der Erblandes-

---

[7]) Die bei Seibertz, Urkb. zur Gesch. des Herzogth. Westfalen III S. 132 Nr. 969 gedruckte Urkunde vom 10. Juni 1463 hat in Wahrheit folgenden Inhalt: 1) Ruprecht bestätigt für Westfalen 2 Privilegien und die vor seiner Wahl geschlossene 'Ordinancie'; 2) das Kölner Kapitel giebt dazu seinen Willen; 4) Ritterschaft und Städte (je 6 Siegler) bezeugen, jene Ordinancie mit dem Kapitel gemacht zu haben; 4) die Punkte der Ordinancie werden aufgezählt. — Datum und völliger Wortlaut der Ordinancie sind meines Wissens nicht bekannt.

[8]) Gedr. Lacomblet IV S. 395 Nr. 324, mit 'März 26' (von anderen wiederholt), an welchem Tage doch nur einer der Aussteller nachträglich beitrat.

[9]) Notarielles Instrument 1463 März 31 Köln, gedr. Archiv für die Gesch. des Vaterlandes I (Bonn 1785) S. 91.

einung gelegen hat. Wohl aber dienen diese Absichten fast völliger
Selbständigkeit mit zur Erklärung der Wahl, die die Domherren zu
Köln am 30. März in merkwürdiger Eintracht vollzogen haben. Sie
traf [10]) den in der Urkunde vom 19. März an letzter Stelle unter den
Kölner Edelkanonikern erscheinenden Rheinpfalzgrafen Ruprecht. Dieser
junge Fürst, 1427 geboren, in Würzburg Dompropst, war, ganz im Gegensatz zu seinem Bruder Friedrich, eine unbedeutende Persönlichkeit, unbe-
dacht, flüchtigen Sinnes, nur der Jagd und dem Vogelfang emsig ergeben, wie ein wohlunterrichteter Zeitgenosse uns berichtet [11]), der sich
sehr verwundert zeigt, dass man alle die durch Rang und innere Würde,
Fähigkeit und Erfahrung gleich ausgezeichneten Männer übergangen
habe, an denen das Kapitel damals reich gewesen sei. Die öffentliche
Meinung ging dahin, den einen oder andern habe man wegen seiner
Strenge gefürchtet, gegenseitige Eifersucht sei im Spiel gewesen, den
Gewählten aber habe man mehr zu leiten gedacht, als sich von ihm
leiten zu lassen. Für dies Leiten bot die Landeseinung noch eine besondere Handhabe durch die Bestimmung, dass der Erzbischof stets zwei
Mitglieder des Domkapitels um sich haben müsse. Auch sollte in dem
erzbischöflichen Rat, der aus Geistlichen und eingesessenen Weltlichen
zu bestehen hatte, kein Dechant sitzen, als der vom Dome.

Die Wahl Ruprechts hatte übrigens doch auch Gründe, die nicht
in seiner Persönlichkeit, sondern in seiner Herkunft lagen. Herzog
Philipp von Burgund hatte sich auf seine Verwandtschaft mit dem Hause
Wittelsbach berufen: aus diesem stammte der neue Herr; er war der
Bruder des siegreichen Beherrschers der Kurpfalz, mit dem Philipp in
fester Freundschaft verbunden war, und gegen den ihn aufzubringen
eben damals Papst und Kaiser den vergeblichen Versuch machten [12]).
Die Wahl deckte das Stift gegen den Herzog Philipp und gewann dem
Stift den Pfalzgrafen Friedrich. Das merkwürdige aber ist, dass diese
Erwägung, die sicher angestellt worden ist, zusammentraf mit der Wir-
kung von Einflüssen, die noch aus einem anderen Grunde zu Gunsten
Ruprechts ausgeübt worden sind. Gewisse Kreise inn- und ausserhalb
des Kapitels haben sich für seine Wahl bemüht unter der Bedingung,

---

[10]) Nach der Speyerer Chronik bei Mone, Quellensammlung zur ba-
dischen Landesgesch. I S. 473 'mit wohl 23 Wahlstimmen (kor)'.

[11]) Magnum chronicon Belgicum bei Pistorius, Rerum Germanicarum
scriptores III S. 406.

[12]) Vgl. Kremer, Gesch. Friedrichs I von der Pfalz S. 327 und 329;
Krause, Beziehungen zwischen Habsburg und Burgund S. 15.

dass er seinen Bruder für einen endlichen Frieden mit dessen Gegnern gewinne. Wir sehen das aus mehreren Urkunden, in denen Ruprecht sowohl vor wie unmittelbar nach seiner Wahl sich verpflichtet hat, innerhalb gewisser, nachher mehrmals verlängerter Fristen Friedrich zur Nachgiebigkeit im Mainzer Bistumsstreit zu bewegen oder selbst sein Erzstift wieder aufzugeben [13]). Der wohl von nassauischer Seite ausgehende Plan war sehr geschickt; denn dem Pfalzgrafen musste die Erhebung seines Bruders zum Erzbischof und Kurfürsten so hocherwünscht sein, dass er, um ihn zu halten und die päpstliche Bestätigung für ihn zu ermöglichen, gewiss zu einem Ausgleich sich bereitfinden liess [14]). Ruprecht hat dann — wohl mit wesentlicher Hülfe seiner Anwälte — in der That eine lebhafte und erfolgreiche Schiedsthätigkeit ausgeübt, die ihm die volle Gunst des Papstes erworben hat [15]). Am 15. Mai 1464 hat Papst Pius ihm die Bestätigung, am 17. Juni das Pallium gewährt. Dem gegenüber hatte es zunächst nicht viel zu bedeuten, dass dem Kaiser die in Ruprechts Wahl liegende Machtverstärkung des gehassten Pfalzgrafen Friedrich wenig genehm sein konnte [16]).

Die umfangreichen Verpflichtungen gegen das Domkapitel hat Ruprecht am Tag nach seiner Wahl unbedenklich auf sich genommen [17]), er hat die Erblandeseinungen bestätigt [18]) und darauf die Huldigungen

---

[13]) Siehe Frh. v. Hasselholdt - Stockheim, Urkunden zur Gesch. Albrechts IV v. Bayern S. 658: undatierte Verschreibung Ruprechts vor der Wahl; S. 664: Verschreibung Ruprechts 1463 März 31 Köln. Zu seinen Anwälten in der Sache setzt Ruprecht hier den Grafen Heinrich von Nassau-Beilstein, Dompropst zu Mainz (er war zugleich Propst zu Bonn und Domherr und Archidiakon zu Köln), den Grafen Johann von Nassau-Wiesbaden, Domherrn zu Mainz, und Johann Espach, Licentiat in geistlichen Rechten. Unter den Zeugen sind die Kölner Domherren Johann von Reichenstein und Georg Hessler, ferner jener Graf Johann von Nassau und Pfalzgraf Friedrichs Kanzler Dr. Mathias Rammung.

[14]) Siehe Frh. v. Hasselholdt S. 661: Verschreibung Friedrichs 1463 Apr. 4 Heidelberg, bis zu Apr. 12 Frieden mit Adolf von Mainz zu machen, damit der Papst geneigt werde, Ruprecht zu bestätigen.

[15]) Siehe Menzel, Gesch. von Nassau I S. 324 ff. und 348.

[16]) Markgraf Albrecht von Brandenburg gab dem Kaiser zu bedenken: 'mocht auch gewendet werden, das der jung pfalzgraf nicht bischof zu Koln wurd, wer vast gut, dann solten zween bruder auss einem hauss kurfursten werden, die wider sein gnad wern, mag sein gnad bedencken, was im darauss entsteen mocht'; Frh. v. Hasselholdt, Gesch. Albrechts v. Bayern S 265.

[17]) Vgl. Lacomblet IV S. 398 Anm.

[18]) Apr. 29 die rheinische, siehe Niederrhein. Annalen 59 S. 110, Juni 10 die westfälische, siehe oben S. 4 Anm. 7.

seiner Lande empfangen [19]). Aber es konnte gar nicht ausbleiben, dass der Erzbischof das Drückende der Lage, in die er sich sorglos begeben hatte, alsbald sehr unangenehm empfand. Das Schlimmste war, dass das, was sein Vorgänger noch im Stift innegehabt hatte, jetzt auch noch zumeist in andere Hände gekommen war, sodass der Landesherr eigentlich fast nichts mehr besass. Über Jahr und Tag ist Ruprecht einzig auf das Amt Poppelsdorf beschränkt gewesen [20]). Vor seiner Wahl hatte er reichere Einkünfte gehabt und stattlicher auftreten können, als jetzt. Er drängte bei Kapitel und Ständen, ihn aus solch unwürdiger Lage zu befreien. Vergeblich. Dass er dann mit dem Erfüllen der vielen Forderungen, die er bewilligt hatte, es nicht zu genau nahm, kann nicht verwundern. Mit dem persönlichen Einfluss auf den Erzbischof ging es übrigens durchaus nicht so, wie das Kapitel gedacht hatte. Leiten liess sich Ruprecht, aber nicht von den Domherren, sondern von einer Anzahl meist weltlicher Ratgeber, die ihn immer mehr in eine einseitige Richtung brachten. So herrschte bald offener Streit. Da zeigte sich, welchen Rückhalt Ruprecht an seinem Bruder, dem klugen, thatkräftigen und waffengewaltigen Kurfürsten von der Pfalz besass. Friedrich war den Wählern durch nichts verpflichtet. Er soll dem Kapitel, in dem schon der Gedanke an Rücktrittserzwingung aufgekommen sei, erklärt haben, nachdem man ohne sein Zuthun seinen Bruder erwählt habe, solle man ihn auch gern oder ungern behalten [21]). Friedrich, der auch zu den Kosten der päpstlichen Bestätigung und des Palliums beigetragen hat [22]), ist wiederholt selbst in das Erzstift gekommen und hat sich für Beilegung der Streitigkeiten und für Bewilligung einer Landessteuer bemüht. So weilte er im Sommer 1468 mit seinem Kanzler Dr. Mathias Rammung, der seit kurzem Bischof von Speyer war, und seinem Hofmeister Ritter Götz von Adelsheim in Köln [23]).

---

[19]) Vgl. Tücking, Gesch. von Neuss S. 57 (1463 Mai 5).

[20]) Das klagt er in einem grossen Denkschreiben an seinen Bruder von 1472 Jan. 18 Bonn, gedr. Archiv des Vaterlandes I S. 109, auf das wir uns unten noch vielfach werden stützen müssen.

[21]) Magnum chronicon S. 406. — Ganz unrichtig ist die Auffassung des Jakob Unrest im Chronicon Austriacum bei Hahn, Collectio monumentorum I S. 593, Ruprecht sei durch seinen Bruder unter Anwendung von Gewalt als Erzbischof eingesetzt worden.

[22]) Ruprechts Denkschreiben an Friedrich 1472 Jan. 18 S. 112.

[23]) Mathias war dort Juni 18, in der Wohnung des Domherrn Georg Hessler (Remling, Gesch. der Bischöfe zu Speyer II S. 160); Friedrich und Mathias waren dort Juni 24 (Speyerer Chronik bei Mone I S. 491 f.) und

Doch war auf gütlichem Wege wenig zu erreichen. Deshalb entschloss sich Ruprecht zuletzt, seine Stellung durch gewaltsame Wiedererwerbung eines Teiles der verpfändeten Besitzungen zu verbessern. Gestützt auf ein Bündnis mit Geldern gegen Kleve (September 1467) begann er seit 1467 die zum Teil wirklich wucherischen Pfandherren anzugreifen, die sich darauf zusammenscharten und sich ihrerseits an Kleve anschlossen (Mai 1468). In den so entstehenden schweren Fehden erhielt dann Ruprecht mannigfache Unterstützung durch seinen Bruder. Kurpfälzische Räte, wie der Bischof von Speyer, Götz von Adelsheim und Diether von Sickingen, traten dem Erzbischof zur Seite [24]). Friedrichs zwanzigjähriger Neffe und Pflegesohn Philipp kam mit stattlicher Truppenmacht zu kriegerischer Hülfe herab [25]). Zwei unter Friedrich erprobte Kriegsmänner setzten sich als Parteigänger Ruprechts im Stift fest, der stolze Ritter Martin Reuschener und ein im Waffendienst emporgekommener verwegener Söldnerhauptmann Eberhard Steinbock [26]). Mit dessen pfälzischen Scharen, man nannte sie nach ihrem Führer die Böcke, errang der Erzbischof immer mehr Vorteil gegen die Pfandherren und ihre Leute, die Wölfe [27]). Anfang 1469 kam Friedrich selbst, damals Reichsvikar in Deutschland, für längere Zeit in das Erzstift [28]). Er zerstörte in diesen Monaten zwei Schlösser des Grafen von Neuenahr [29]). Bei solcher Hülfe fiel dem Erzbischof nach und nach ein ganz bedeutendes Gebiet zu. Er erwarb die Städte Bonn, Rheinbach, Zül-

---

Juni 28 (Kremer a. a. O. S. 381 f.; Quellen zur bayerischen Gesch. II S. 429): Götz war Mitsiegler einer Urkunde Friedrichs für Mathias Juni 28 (Remling, Urkb. zur Gesch. u. s. w. II S. 346); Juli 11 sprach Ruprecht in einem Brief aus Köln von Anwesenheit Friedrichs (Goerz, Regesten der Erzbischöfe zu Trier S. 224); Aug. 9 war Mathias in Bacharach (Remling, Gesch. II S. 160).

[24]) Schreiben von 1472 Jan. 18 S. 110 f.; Kölner Stadtarchiv, Memorialbuch des Protonotars 1470 ff. Bl. 60v (1468 Jan. 1).

[25]) Vgl. Memorialb. Bl. 64v (1468 Juli 29).

[26]) Dass Friedrich den Erhart Steinpock genannt Bocklin, der einen kaiserlichen Gesandten gefangen und geschatzt habe, nach solcher That wider Verbot enthalten, war einer der Gründe des Achturteils gegen den Pfalzgrafen von 1474 Mai 27; siehe Chmel, Monumenta Habsburgica I 1 S. 395.

[27]) Vgl. Lacomblet IV S. 418 ff.; Mathias von Kemnat in den Quellen zur bayer. Gesch. II S. 50; Magnum chronicon S. 408; Koelhoffsche Chronik in den Dtsch. Städtechr. 14 S. 818.

[28]) Jan. 26 war er noch in Heidelberg (Kremer S. 412 Anm. 2), Febr. 1 traf er bereits für seinen Bruder ein Abkommen mit Jülich-Berg (Lacomblet IV S. 432 Nr. 344, ohne Ort).

[29]) Mathias von Kemnat S. 51; Koelhoffsche Chronik S. 823.

pich, Kaiserswerth, Ürdingen, Kempen, die Schlösser Rolandseck, Godesberg, Gudenau, Nürburg und viele andere; vor allem kam er in den
dauernden Besitz der drei wichtigen Städte, Schlösser und Ämter Brühl,
Lechenich und Linn [30]). Die bisherigen Pfandinhaber mussten sich mit
neuen, einfachen Schuldverschreibungen begnügen, wobei in mehreren
Fällen — so für Brühl und Lechenich — das Domkapitel sich zur
Zahlung mitverpflichtete [31]). Der hülfreiche Pfalzgraf dagegen erhielt
zur Entschädigung das neugewonnene Kaiserswerth mit seinem einträg-
lichen Zoll in Pfandbesitz; er verständigte sich am 26. Juni 1469 zu
Köln mit dem Domkapitel über den diesem zustehenden Anteil an den
Zolleinkünften [32]).

Es versteht sich, dass bei all den mehr oder weniger erzwungenen
Abmachungen viel Zündstoff für künftigen Streit sich ansammelte; den
Erzbischof aber reizten die bisherigen Erfolge zu immer neuen Über-
griffen, besonders gegen das Kapitel, dem er durch Schmälerung seiner
Einkünfte — wie er denn unter anderem dessen Hälfte des Bonner
Zolles in seinen Besitz brachte — es ausserordentlich erschwerte, die
erzbischöflichen Gläubiger, gegen die es sich mitverpflichtet hatte, ver-
tragsmässig zu befriedigen [33]). In seiner trotzigen, gewaltthätigen Haltung wurde der Erzbischof noch bestärkt durch den bedenklichen Einfluss seiner Günstlinge, unter denen Landfremde waren, wie die beiden
Pfälzer Reuschener, jetzt Amtmann zu Kaiserswerth und zu Linn, und
Steinbock. Die bedeutenderen pfälzischen Räte dagegen, die Friedrich
seinem Bruder überlassen hatte, deren Thätigkeit gelobt wird, vermochten
keinen dauernden Einfluss auf den unbeständigen Sinn Ruprechts auszuüben und kehrten schliesslich wieder heim [34]). So vor allem Götz

---

[30]) Kemnat S. 50; Koelhoff S. 818, 822, 823; Lacomblet IV S. 430
Nr. 343 (Vertrag von 1469 Jan. 16 über Gudenau), 434 Nr. 345 (Febr. 20
über Brühl), 437 Nr. 347 (März 23 über Lechenich), 438 Nr. 348 (Mai 11
über Linn). — Nach Soester Aufzeichnungen Dtsch. Städtechr. 24 S. 160 gewann Ruprecht Kaiserswerth, Godesberg, Amt Linn und Ürdingen schon 1467
zwischen Nov. 11 und Dec. 8, und zwar durch Überlistung und Gefangen-
nahme der Besitzer. 'Dat was doch eyne undat von sodanem heren, also hey
eyn ertzbisschopp wezen sall'.

[31]) Schreiben von 1472 Jan. 18 S. 112; Klageschrift des Kapitels,
jedenfalls von 1472 (siehe unten), Arch. des Vaterl. S. 311 f. (§ 28).

[32]) Siehe Quellen zur bayer. Gesch. II S. 443. Der Revers bei Kremer S. 415 Anm. 3 ist von 1469 Juli 28, nicht von 1468 (Juli 29).

[33]) Klageschrift des Kapitels S. 307 (§ 6).

[34]) Magnum chronicon S. 406. — 1473 Febr. 10 bezeugte Pfalzgraf

von Adelsheim, der einige Jahre lang als Hofmeister Ruprechts eine hervorragende Thätigkeit im Stift entfaltet hat [35]).

Es war für Erzbischof Ruprecht von grosser Bedeutung, dass er trotz aller Bedenken, die seine Art von Regierung erwecken musste, und trotz aller Streitigkeiten, mit denen sein Stift erfüllt war und blieb, bei dem ihm ursprünglich wenig geneigten Kaiser Friedrich doch die reichsrechtliche Anerkennung fand. Auf dem grossen Christentag zu Regensburg empfing er am 1. August 1471 in aller Form die kaiserliche Belehnung mit den Regalien, wogegen er den vierjährigen gemeinen Landfrieden vom 24. Juli annahm [36]). Freilich liessen hiervon nach seiner Rückkehr die andauernden Fehden am Rhein nichts verspüren [37]). Sehr verdrossen hatte es den Erzbischof, dass er nicht prächtig wie seine Vorgänger zum Reichstag hatte reiten können, sondern nur in bescheidenem Aufzuge, mit einer geringeren Anzahl Personen, als sie einer seiner Suffragane bei solcher Gelegenheit im Gefolge zu haben pflege [38]). Auch so habe er seine Kleinode und Pontificalien versetzen müssen. Dem Kapitel warf er vor, dass es ihn nicht unterstützt habe. Er kam mit dem Entschluss zurück, nachdrücklich auf Bewilligung einer allgemeinen, ausgiebigen Steuer zu dringen [39]).

Sogleich beschrieb er Kapitel und Stände zu einem Landtage nach Bonn und liess ihnen vorhalten, er könne die nicht von ihm herrührenden Schulden des Stiftes ohne ihre Hülfe nicht bezahlen. Man möge die Not der Fehden zu Herzen nehmen und eine Steuer leisten, dann wolle er sie vor Gewalt beschirmen, jeglichen bei seinen Freiheiten handhaben, Landesrecht wahren und ihnen ein gnädiger Herr sein. Es wurde Bedenkzeit bis zu einem zweiten Landtag erbeten. Auf diesem,

---

Friedrich dem Kunz von Berlichingen, dass er im Dienst Ruprechts sich wie ein frommer Edelmann gehalten habe; Quellen zur bayer. Gesch. II S. 478.

[35]) Er war auch mit Ruprecht 1471 in Regensburg.

[36]) Siehe Mitteilungen aus dem Stadtarchiv von Köln Heft 25 S. 334 ff. Gegen seinen Bruder sollte Ruprecht, wie Kaiser Friedrich am 3. September zu Nürnberg erklärte, durch Annahme des Landfriedens nicht verpflichtet sein; Chmel, Regesten K. Friedrichs Nr. 6448.

[37]) Er will sie vorgefunden haben, Schreiben von 1472 Jan. 18 S. 113; das Kapitel dagegen wirft ihm alsbaldigen Bruch des von ihm selbst mitbeschlossenen Regensburger Landfriedens vor, Klageschrift S. 313 (§ 37).

[38]) Nach der Liste bei König v. Königsthal, Nachlese von Reichstagshandlungen II S. 117 war er mit nur 72 Pferden in Regensburg.

[39]) Für das vorige siehe im Schreiben von 1472 Jan. 18 S. 112 f., für das folgende daselbst S. 113 ff. und in der Klageschrift S. 309 f. (§ 16—21).

wiederum zu Bonn, sagten Kapitel, Edelmann und Ritterschaft eine
Bundschatzung schriftlich zu. Mit den Städten dagegen musste, obgleich sie Vertreter auf dem Tage hatten, einzeln verhandelt werden.
Da das keinen Erfolg brachte, wurde ein dritter Landtag ohne die Städte
angesetzt. Hier aber wurde dem Erzbischof erklärt, man wolle allerdings die Bundschatzung bewilligen, und zwar zunächst auf ein Jahr,
nicht gleich auf zwei, jedoch nur dann, wenn auch die Städte sie bewilligten. Man wolle, erklärte man offen, von dem dritten Stand sich
nicht trennen. Die Landeseinung machte sich geltend. Der Erzbischof
sollte einen vierten Landtag zu Köln vornehmen und auch die Städte
dazu bescheiden. Er schlug das ab und that nun plötzlich den bedenklichen Schritt, sich des Schlosses und der Stadt Zons und des dortigen Zolles, wichtiger Besitzstücke des Domkapitels, zu bemächtigen,
um auf dieses, wie er ihm selbst alsbald am 5. Oktober 1471 mit-
teilte [40]), einen Druck auszuüben und es zu Bewilligung einer Steuer
gefügiger zu machen. Es war ein weiteres Zwangsmittel zu dem schon
vorher ausgegangenen 'gemeinen Verbot', einem Befehl an die erzbischöflichen Beamten, in ihren Gebieten alle Einkünfte des Kapitels und der
Stände zu beschlagnahmen. Der vierte Landtag fand dann doch mit
Zustimmung der erzbischöflichen Räte zu Köln im Kapitelhause statt.
Von neuem wurden gewisse Bewilligungen verabredet, aber natürlich
gegen Abstellung der Gewaltmassregeln Ruprechts. Er sollte hierüber
eine Verschreibung ausstellen und Friedrich von der Pfalz sollte diese mitbe-
siegeln. Die Städte zeigten sich jetzt bis auf wenige bereitwillig, auch
der Erzbischof liess sich entgegenkommend vernehmen. Es wurde ein
fünfter Landtag nach Köln anberaumt, auf dem die Städte sich weiter
erklären, Ruprechts Räte aber Bescheid geben sollten auf die beiden Forderungen der Herausgabe von Zons und der Abstellung des gemeinen
Verbotes. Diesem Kölner Tag nun warf der Erzbischof mehrere Un-
regelmässigkeiten vor. Nahm er dem Kapitel schon übel, dass es für
den Tag seine gewöhnliche Kapitelstatt verrückte und sich an anderer
Stelle im Domstift versammelte, so fühlte er vor allem sich dadurch
beschwert, dass man die Pfaffschaft und den Rat der Stadt Köln hin-
zuzog, selbst die städtischen Gläubiger des Stifts, mit denen doch
das Kapitel ebenso wie der Erzbischof zu Rom im Streit liege. Auf
Verlangen der erzbischöflichen Räte mussten alle Nichtteilnehmer der

---

[40]) Auszug bei Ennen, Gesch. von Köln III S. 474; ich habe das Stück
nicht gefunden. — An demselben Tage schrieb Ruprecht an seinen Bruder,
erwähnt im Schreiben von 1472 Jan. 18 S. 110.

vorigen Tage abtreten. Man kam sich aber dennoch keinen Schritt näher. Ruprechts Räte blieben dabei, dass man zuerst der Städte Antwort hören und sich weiter wegen der Steuer einigen solle, dann werde der Erzbischof sich auf die an ihn gerichteten Forderungen äussern. Das Kapitel aber wollte nichts von Steuer hören, bevor nicht Zons herausgegeben und das Verbot abgethan sei. Am 12. Dezember 1471 liess der Erzbischof seine endgültige Meinung schriftlich übergeben. Er verlangte vor allem anderen eine kräftige Steuer; mit der sollten zunächst die noch versetzten Schlösser, Städte, Zölle, Renten und Gülten wieder zum Stift gebracht werden; aus den Einkünften des Wiedergewonnenen sollten dann seine und des Stiftes Schulden bezahlt werden. Wenn er der Steuer versichert sei, wolle er zur Stunde das Verbot abthun (doch fand man im Wortlaut schon dieser Zusage ein Bedenken), die Forderung wegen Zons aber wolle er entweder mit Zons selbst oder mit barem Geld aus der Steuer befriedigen (das hiess doch, er dachte den Platz überhaupt nicht auszuliefern). Danach konnte sich Ruprecht über die Antwort nicht wundern, die das Kapitel nach reiflichem Überlegen am 17. Dezember gab. Man schlug die Steuer nunmehr rundweg ab, wobei eine Äusserung gefallen sein soll, man liege nicht zu Poppelsdorf im Turm. Darauf sandte das Kapitel am 18. Dezember öffentliche Klagebriefe gegen Ruprecht aus und veranstaltete am 19. Dezember im alten Kapitelhaus eine grosse Versammlung. Äbte, Pröpste, Dechanten, Prioren, Guardiane, alle Prälaten, geistliche und weltliche Pfaffheit der Stadt Köln, Bürgermeister und Ratsfreunde derselben, auch die Gläubiger, waren dabei mitanwesend. Hier wurden die Gelübde, Eide und versiegelten Briefe verlesen, die Ruprecht gebrochen habe, die Rechtswidrigkeiten und Eingriffe in die Freiheiten des Kapitels und der Stände aufgezählt, die er begangen habe. In wie vielen Punkten war allein der Erblandesvertrag übertreten!

Pfalzgraf Friedrich verkannte die Berechtigung der schweren Vorwürfe nicht, die in Klagebriefen des Kapitels an ihn wie an die Bischöfe von Worms und Speyer und die Domkapitel von Speyer und Strassburg den Erzbischof trafen. Er verlangte von seinem Bruder, dass er die Klagen erwäge und zu Herzen nehme. Ruprecht, der schon gleich nach der Besetzung von Zons ein Rechtfertigungsschreiben an Friedrich gerichtet hatte[41]), verteidigte sich am 18. Januar 1472 sehr ausführlich[42]).

---

[41]) Siehe die vorige Anm.
[42]) Siehe oben S. 7 Anm. 20. — Ein im Hauptteil fast völlig gleiches Schreiben erging an Köln 1472 Febr. 19 Bonn, Köln. Stadtarch.

Doch war sein gewaltthätiges Verfahren schwer zu beschönigen[43]), zumal er damit, besonders gegen das verhasste Kapitel, immer fortfuhr. Nach dem letzten Landtag nahm er dem Kapitel einen grossen Teil seiner Güter, viele Früchte und reiche Weinvorräte weg[44]). Allgemeinen Anstoss erregte es dann, dass er die Stiftssynode, die seit Menschengedenken in Köln gehalten worden war, auf den 17. Februar 1472 nach Bonn berief und dort in ordnungswidriger Weise abhalten liess[45]). Kurz darauf trat ein Ereignis ein, das seinem schon arg gesunkenen Ansehen den grössten Stoss versetzen sollte.

Die Stadt Neuss, die mächtigste im Niederstift, hatte anfangs auf Seiten des Erzbischofs gegen die Pfandherren gestanden. Allmählich bekam jedoch, unter wechselnden Verhältnissen[46]), eine dem Erzbischof feindliche Partei im Rate die Oberhand, und es entstand nun ein unerquicklicher Zustand, indem der Erzbischof die Bürgerschaft gegen den Rat aufzuwiegeln, dieser aber sie gegen den Erzbischof einzunehmen sich bemühte. Da fasste der Erzbischof den unglückseligen Entschluss, sich der Stadt gewaltsam zu bemächtigen. Ein gewisser Wessel von Düngelen, dessen er sich hierbei bedienen wollte, verriet aber das Vorhaben dem Rat von Neuss, und mit diesem im Einverständnis geschah es dann, dass Wessel vom Erzbischof ein Schriftstück erwirkte, worin ihm eine stattliche Belohnung zugesichert war, wenn er die widerspenstige Stadt in Ruprechts Hände liefere. Man sagt, nur ungern habe der Erzbischof die ihn belastende Urkunde ausgestellt[47]). Doch geschah es, zu Poppelsdorf am 20. April 1472[48]). Der Hauptmann Eberhard Steinbock und ein anderer Söldnerführer, Friedrich vom Stein genannt Schouff[49]), fuhren am 5. Mai nach Neuss, die Verschreibung

---

[43]) So gesteht er z. B. selbst ein, dass er zu Erpel habe die Thore aufschlagen lassen.

[44]) Die letzteren zu Unkel, Rheinbreitbach und Walberberg bei Bonn. Koelhoff S. 823. Vgl. die Klageschrift S. 310 f. (§ 22 und 23).

[45]) Koelhoff S. 824. Klageschrift S. 312 (§ 31).

[46]) Vgl. Magnum chronicon S. 408 und 409; Tücking, Gesch. von Neuss S. 58 und 59.

[47]) Magnum chronicon S. 409.

[48]) Lacomblet IV S. 450 Nr. 359 nach Transsumpt in der Gerichtsurkunde von Mai 11, in der auch Briefwechsel Wessels mit Schouff und Steinbock. Martin Reuschener und Wilhelm von Orsbeck waren mit diesen im Verständnis. Vgl. Tücking S. 60.

[49]) Ein Verwandter des Hauses Drachenfels, siehe Kölner Mitteilungen 25 S. 351.

an Wessel zu übergeben. Dieser sagte das Bevorstehen ihrer Ankunft
an. So wurden sie auf dem Rheine abgefasst und gefangen nach Neuss
gebracht. Das Schriftstück, das sie mit sich führten, zeigte man der
Bürgerschaft, deren Sinn nun einmütig ward in gerechtem Zorn gegen
den Landesherrn. Erschrocken sandte dieser den Domküster Stephan
von der Pfalz und andere und versuchte, sein unbedachtes Thun wieder
gut zu machen. Er liess sich zu den weitgehendsten Erbietungen her-
bei, wenn man seine Leute loslasse. Die Stadt, die weithin ihre Klage
über die That des Erzbischofs vernehmen liess [50]), lud die Nachbarn
zur Beratung ein. An ihrer Spitze erschien Graf Vincenz von Mörs,
den sich die Stadt zum Schirmvogt gesetzt hatte. Auch Köln entsprach,
obgleich nicht ohne Bedenken wegen eingetroffener Warnungen, der
Bitte, Vertreter zum Gerichtstag zu schicken [51]). Graf Vincenz und
die Edelleute rieten zur Milde. Und es ist wohl möglich, dass die
Stadt bei versöhnlicher Haltung ihren Vorteil besser gewahrt hätte.
Aber die besonderen Feinde des Erzbischofs liessen keine ruhige Über-
legung aufkommen. Am 11. Mai fand das Gericht statt. Die beiden
Kriegsleute wurden sofort enthauptet, ihre gevierteilten Leichen sah man
alsbald an den Stadtthoren auf Pfählen aufgesteckt. Der Augenblick
war entscheidend gewesen für das spätere Schicksal von Neuss. Man
versteht es, dass Ruprechts Seele jetzt mit um so grösserem Hass gegen
die Stadt sich erfüllte [52]). Überhaupt trug das Ereignis viel dazu bei,
den Riss zwischen den Parteien im Stift zu vertiefen und die Gemüter
gegen einander zu erbittern [53]).

Das Domkapitel hatte inzwischen weitere Massregeln gegen den
Erzbischof ergriffen. Wir besitzen eine sehr ausführliche Zusammen-
stellung all der mannigfachen Beschwerden, die sich gegen Ruprecht an-
gehäuft hatten [54]); eine Gesandtschaft des Kapitels, die wir im Juni 1472
zu Rom finden [55]), trug dessen Klagen der Kurie vor. Sie bat um

[50]) Brief an Frankfurt, erwähnt Inventare des Frankf. Stadtarchivs I S. 259 Nr. 5759.

[51]) Mai 10, Köln. Stadtarch., Briefbuch 29 Bl. 296v; Auszug Nieder-rhein. Annalen 49 S. 7.

[52]) Vgl. Koelhoff S. 824.

[53]) Der Herzog von Kleve beglückwünschte am 10. Juni Neuss und erklärte das Gerücht, aus seinen Landen hätten Truppen gegen die Stadt ausziehen sollen, für unwahr. Tücking S. 61.

[54]) Informatio brevis, undatiert, gedr. Arch. des Vaterl. I S. 306. Vgl. oben S. 9 Anm. 31.

[55]) Lacomblet IV S. 351 Zeile 3; gegen Ende obiger Schrift (S. 313

Schutz, indem sie die Gefahr allgemeiner Zerüttung vor Augen stellte, falls man auf Selbsthülfe angewiesen bleibe. Der eine werde hier, der andere dort Zuflucht suchen, und die Einmischung Fremder werde den inneren Krieg bringen. Zerstörung der Kirche, Verwüstung des Vaterlandes werde das Ende sein, wie in Mainz und in Lüttich. Der Papst bestellte daraufhin den Erzbischof Hieronymus von Kreta zum Legaten in der kölnischen Angelegenheit [56]). Doch wurde derselbe noch in Italien vom Fieber ergriffen, so dass er seine Reise nicht fortsetzen konnte [57]). Wichtiger war es deshalb, dass auch der Papst den Pfalzgrafen Friedrich mit der Unterhandlung im Stift Köln betraute.

Friedrich hatte schon auf Bitten seines Bruders von neuem Vertreter herabgeschickt, den Bischof Reinhard von Worms und den Ritter Wolf Kämmerer von Dalberg. Sie unterhandelten um Mittsommer 1472 in seinem Namen mit dem Kapitel. Wie feindselig die Stimmung im Lande inzwischen geworden, mussten sie bereits sehr empfindlich erfahren. Als sie von Köln rheinaufwärts fuhren, zusammen mit dem erzbischöflichen Siegler Konrad, dem Weihbischof Heinrich, dem Abt von Deutz und anderen, wurde gegenüber Rodenkirchen das Schiff von Feinden des Erzbischofs überfallen und die beiden pfälzischen Räte mit dem Siegler gefangen hinweggeführt bis nach Limburg. Erst im August erhielten sie gegen ein gewaltiges Lösegeld die Freiheit zurück, nachdem Pfalzgraf Friedrich, von Mathias von Speyer begleitet, wieder selbst herabgekommen war [58]). Der Domküster Stephan, der in Ruprechts Auftrag in Neuss gewesen war, wurde jetzt von jenem der Mitwissenschaft an der Gewaltthat beschuldigt. Sowohl Ruprecht wie Friedrich beklagten sich, dass die Diener und Anhänger Stephans und des Ritters Johann von Gymnich den Weihbischof, den Official und andere Zugewandte des Erzbischofs fortgesetzt öffentlich bedrohten [59]). Friedrich hatte am 4. August zu Brühl eine Besprechung mit Vertretern der Stadt Köln [60]).

§ 38) heisst es: 'nisi opera capituli per sedem apostolicam desuper oportunum fiat remedium' u. s. w.

[56]) Unterweisung 1472 Juli 13, erwähnt bei Bachmann, Deutsche Reichsgeschichte II S. 439.

[57]) So berichtet sein Nachfolger Hieronymus von Fossombrone in einem Mandat, von dem noch öfters die Rede sein wird, 1474 Apr. 3, Köln. Stadtarch., Burgundisches Briefbuch Bl. 21.

[58]) Koelhoff S. 824; Lacomblet IV S. 451 Nr. 361 (1472 Aug. 13 Brühl).

[59]) Friedrich an Köln Aug. 16, Ruprecht an Köln Aug. 16 und 30 Brühl; Stadtarch., Briefeingänge.

[60]) Friedrich an Köln Aug. 2 Brühl, Briefeing.: Antwort Aug. 3, Briefb. 29 Bl. 306v. — Vgl. auch Aug. 10 Brühl, Briefeing.

Am 25. August beschickte er einen vom Domkapitel anberaumten Tag zu Köln [61]). Die Verhandlungen zogen sich durch den ganzen Herbst hin. Erst am 4. November brachte der unermüdliche Pfalzgraf zu Brühl einen vorläufigen Vergleich zwischen den Parteien zu Stande [62]). Danach sollte das Domkapitel alsbald wieder eingesetzt werden in Zoll, Burg und Stadt Zons mit ihren Zubehören, in den halben Zoll zu Bonn und andere Gerechtsame daselbst und in die ihm genommenen Dörfer und Höfe. Das beschlagnahmte Gut, ihr Wein und ihre Renten sollten ausgefolgt, ihr Schaden ersetzt werden. Doch sollte das Kapitel vorher versprechen, dass es sogleich nach der Einsetzung dafür wirken werde, dass der römische Stuhl seine gegen den Erzbischof ergriffenen Massregeln einstelle. In abermaliger Zusammenkunft sollten dann Friedrich, das Kapitel und Vertreter der Landschaft die Gebrechen weiter beilegen, eine Ordnung treffen, damit das Stift fortan besser regiert werde, und Wege vornehmen, wie solches beständig bleiben möge. Friedrich sollte dem Kapitel versprechen, durch Bevollmächtigte für Ausführung der gegenwärtigen Bestimmungen zu sorgen. Obige Dinge sollten nicht geendet werden ohne Zustimmung der Landschaft; die Landeseinung sollte dadurch unverletzt bleiben. Die gegenseitigen Feindseligkeiten sollten alsbald aufhören. Diese Abrede, mit Wissen Ruprechts getroffen, wurde fünffach ausgefertigt, für ihn, Friedrich, das Kapitel, die Ritterschaft und die Städte. Verschreibungen der einzelnen Parteien sollten ihr folgen. Ruprecht, so schwer die Bedingungen für ihn waren, erklärte am 13. November ihre Annahme [63]). Wir wissen nicht, ob es ihm Ernst damit war. Thatsache ist, dass es trotz aller Bemühungen nicht zum Frieden gekommen ist. Als zu Anfang des nächsten Jahres zwischen wieder herabgeschickten Räten Friedrichs, Freunden Ruprechts und Vertretern von Kapitel und Landschaft eine neue Zusammenkunft in Köln stattfand, beschuldigte jede Partei die andere des Abfalls von der geschlossenen Abrede [64]). Der Bruch wurde schliesslich unheilbar.

Im Januar 1473 erhielt die rheinische Landeseinung eine Reihe

---

[61]) Er bat die Stadt Aug. 24 (Brühl), desgleichen zu thun. Die Stadt beschwerte sich Aug. 25 über grosses Geschrei und Gerenne seiner Diener beim Ein- und Ausreiten (Briefb. 29 Bl. 311). Er antwortete begütigend Aug. 26 (Brühl).

[62]) Gedr. Arch. des Vaterl. I S. 125.

[63]) Siehe Niederrhein. Annalen 59 S. 117; Druck Arch. des Vaterl. I S. 128 mit 'ut supra' = Nov. 4, wohl nach dem Entwurf.

[64]) Siehe ausführliches Schreiben Ruprechts an Köln 1473 März 15 Brühl, praes. März 18; Stadtarch., Briefeing.

neuer Mitglieder aus dem höheren und niederen Adel[65]). Die fünf Hauptstädte des Stifts — Neuss, Bonn, Ahrweiler, Linz, Andernach — erklärten sich auf Anmahnung der Kapitelpartei für diese, trotz der Gegenvorstellungen der Erzbischofs[66]). Die Verbündeten, Ende Februar zu Bonn versammelt, schrieben dem Landesherrn ihren Eid auf, gestützt auf die Landeseinung und ein päpstliches Monitorium, und griffen alsbald zu den Waffen[67]). In kurzer Zeit hatten sie die Zölle Bonn und Linz in ihrem Besitz, die Schlösser Andernach und Nette gewonnen, und belagerten Poppelsdorf[68]).

Damals war eben der junge Landgraf Hermann von Hessen nach Köln zurückgekehrt, der dort die Würde des Dechanten von St. Gereon bekleidete[69]). Er machte noch einen Versuch zur Verständigung. Am 5. März schickte er zwei seiner Räte, Propst Eberhard Schenck und Marschall Johann Schenck, nach Brühl, und am 16. März ritt er selbst zu gütlicher Rücksprache hinüber. Ruprecht erklärte ihm, er habe bereits den Erzbischof von Trier mit einem Schiedsversuch betraut; er erhebe jetzt zunächst den Anspruch, dass man ihn und die Seinigen wieder in ihr Eigentum setze und seinen Zöllnern die genommenen Zolleinkünfte herausgebe, erbiete sich aber dann zu Recht vor Papst, Kaiser und Kurfürsten, nach Wahl der Gegner[70]). Doch zu gleicher Zeit, so war nun einmal seine Art, ging er offen mit der neuen Gewaltmassregel um, in Remagen eine Zollstätte zu errichten, an der er die beiden seiner Verfügung entzogenen Stiftszölle von Bonn und Linz erheben wollte[71]). Während ihm Landgraf Hermann zu Köln um 21. März schrieb, dass auf seinen Bericht über ihre letzte Besprechung

---

[65]) Siehe Annalen 59 S. 110 (Jan. 8 ff.). Die Urkunde von 1463 enthielt eine entsprechende Einladung.

[66]) Ruprecht an die 5 Städte (einzeln) März 14 Brühl, mit Berufung auf einen 'verachteten' Brief von Febr. 7; gleichz. Abschr. im Köln. Stadtarch., Briefeing.

[67]) Febr. 27 baten Kapitel, Edelmann, Ritterschaft und Städtefreunde zu Bonn die Stadt Köln um Überlassung zweier Büchsenmeister auf 14 Tage; Stadtarch., Briefeing.

[68]) Ruprecht an die 5 Städte März 14, an Köln März 15.

[69]) Febr. 7 war er noch zu Homberg in Niederhessen; Kuchenbecker, Analecta Hassiaca IX S. 228.

[70]) Hermann an Ruprecht März 5 und 15 Köln, Ruprecht an Hermann März 26 Brühl, an dessen Bruder Heinrich undatiert, gedr. Arch. des Vaterl. I S. 133, 134, 136, 138.

[71]) Köln an Ruprecht März 19, Antwort März 20 Brühl, praes. März 24; Köln. Stadtarch., Briefb. 30 Bl. 19v und Briefeing.

das Domkapitel die Sache an seine Freunde bringen wolle, klagten ebendiese in ihrer Bonner Versammlung an demselben Tage über die beabsichtigte Zollverlegung[72]). Da erfolgte die entscheidende Wendung: die Partei des Kapitels warf den bisherigen Unterhändler zu ihrem Hauptmann und Beschirmer auf, sie richtete an den Landgrafen bei seiner Pflicht als Praelat und Kanoniker der heiligen Kirche Köln die Mahnung, ihr Hülfe zu leisten zur Handhabung ihres Rechtes und der von ihm mitbeschworenen Landeseinung, gemäss der Reformation von Frankfurt und dem Landfrieden von Regensburg.

Der 1442 geborene Landgraf war ein Mann von gewinnendem Wesen, umgänglich, offen und beredt, immer zu Vermittlung bereit, dabei doch voll fürstlicher Würde, mild, hochgemut und beherzt[73]). Indem er ohne weiteres Bedenken den an ihn ergehenden Ruf annahm, verkündete er zu Köln am 23. März 1473 dem Erzbischof in offenem Briefe, den eigenen Namen stolz vorangesetzt, dass er Kapitel und Landschaft in seinen Schutz genommen habe und sie zu verteidigen gedenke[74]). Tags darauf forderte das Kapitel auf Grund der Landeseinung von den Grafen, Edelen, Ritterschaft, Amtleuten, Städten, Unterthanen und Zugewandten des Stiftes Gehorsam für den Verweser, den es sich in der Person seines Mitkanonikers Hermann von Hessen gesetzt habe[75]). Der Erzbischof antwortete damit, dass er gegen seine Widersacher in Kapitel und Landschaft, gegen die er bereits Mandate erlassen und ein Gerichtsverfahren eingeleitet hatte, am 25. März Bannbriefe anschlagen liess[76]). Dem Landgrafen aber erklärte er am 26., der Landesfürst habe dem ihm eidlich verpflichteten Dechanten von St. Gereon keinen Befehl zu Hauptmannschaft oder Schirm in seinem Stift gegeben; werde das ungebührliche Vornehmen nicht unverzüglich abgestellt, so werde er sich dagegen zu wehren wissen[77]).

In solcher Lage konnte der Schiedstag, den der Erzbischof Johann von Trier auf den 25. März nach Köln angesetzt hatte, und zu dem

---

[72]) Hermann an Ruprecht März 21 Köln, gedr. Arch. des Vaterl. I S. 135; Kapitel, Edelmann, Ritterschaft und Städtefreunde des Stifts an Köln März 21 Bonn, praes. März 21; Stadtarch.

[73]) Vgl. Chronica praesulum Coloniensium, Niederrhein. Annalen 4 S. 241 f.

[74]) Gedr. Arch. des Vaterl. I S. 129.

[75]) Gedr. Lacomblet IV S. 453 Nr. 363.

[76]) Hermann an Köln März 26 Bonn, praes März 29; Stadtarch.

[77]) Offenbrief März 26 Brühl, gedr. Arch. des Vaterl. I S. 136.

er in Person pünktlich herabkam [78]), nicht den geringsten Erfolg haben.
Ruprecht, der den Tag beschickte, liess verlangen, dass man ihn in
das, was ihm genommen, freiwillig wieder einsetze oder dass man den
Erzbischof von Trier darüber rechtlich entscheiden lasse. Die Gegenpartei stellte seinen Vorschlägen andere entgegen und wollte die Entscheidung für die einen oder die andern nicht Johann überlassen. Es
fehlte auch wieder nicht an den üblichen Gewaltthätigkeiten; wenigstens
behauptete das Ruprecht [79]). Statt einer Einigung erfolgte die Besiegelung des völligen Bruches durch eine am 29. März ausgestellte Urkunde,
in der das Domkapitel, 4 von den Edelmannen (Grafen von Sayn,
Virneburg, Wittgenstein, Wied), 10 Angehörige der Ritterschaft und
die 4 Städte Neuss, Bonn, Andernach und Ahrweiler 'von wegen gemeiner Landschaft des Stifts Köln' sich von Erzbischof Ruprecht los-
sagten und den Landgrafen Hermann von Hessen zum Hauptmann,
Beschirmer und Verweser annahmen, ohne dessen Willen sie sich nicht
mit Ruprecht vertragen wollten, es wäre denn, dass er das Regiment
gänzlich übergäbe und sich mit angemessener 'Pension und Deputat' ge-
nügen liesse, wie auf dem Tag zu St. Severin in Köln beredet worden.
Dem Landgrafen wurde versprochen, am päpstlichen und am kaiserlichen
Hofe wie überall sonst ihn auf Begehren zu unterstützen, dass er die
Administration des Stiftes erhalte und mit demselben versehen (provi-
diert) werde, und ihm Gehorsam zu leisten, sobald er 'seine Bulle und
Prozess' vom Papst erhalte [80]).

Wenn der Erzbischof damals dem Landgrafen vorwarf, es sei ge-
logen, dass gemeine Ritterschaft, Städte und Landschaft ihn angerufen
hätten, so musste man allerdings das zugestehen, dass von einer wirklich einmütigen Erhebung gegen den Erzbischof trotz allem nicht die
Rede sein konnte. Ja die Zahl der entschlossenen Anhänger Hermanns
war in diesem Augenblick, wie die obige Urkunde zeigt, in der Landschaft noch ziemlich gering. Und selbst im Kapitel gab es einige, die
mit dem entschiedenen Vorgehen gegen Ruprecht nicht recht einver-

---

[78]) Vgl. 2 Schreiben Johanns März 21 Ehrenbreitstein bei Goerz, Re-
gesten der Erzbischöfe zu Trier S. 237. Der trierische Marschall Hermann
Boos von Waldeck, den Johann gern dabei haben wollte, erhielt von Köln,
mit dem er in Feindschaft stand, besonderes Geleit; Köln an Johann März 23,
Stadtarch., Briefb. 30 Bl. 20. März 25 urkundete Johann bereits in Köln,
Lacombl. IV S. 454 Nr. 364.

[79]) Ruprecht an die Stände von Westfalen Apr. 4, an Linz u. s. w.
Apr. 6, Brühl, gedr. Arch. des Vaterl. I S. 140 und 145.

[80]) Gedr. Arch. des Vaterl. I S. 129, Auszug Lacomblet IV S. 453 Anm.

standen waren [81]). Ausser zwei Grafen von Solms und von Aremberg waren dies der Rheingraf Johann, der 1471 mit in Regensburg gewesen war, der Chorbischof Markgraf Marx von Baden, jüngster Bruder Johanns von Trier, 1465 bis 1468 Beschützer und Verweser in Lüttich, und vor allem Graf Moritz von Spiegelberg, ein geistig bedeutender, hochbegabter Mann, den der Papst, als er ihn kennen lernte, des Kölner Bischofstuhls besonders würdig erklärt haben soll [82]). Übrigens war er von seinen Gesinnungsgenossen der einzige, der schon 1463 im Kapitel gesessen hatte. Sämtliche anderen Wähler von damals [83]), so viele ihrer noch lebten, waren jetzt Gegner des Erzbischofs. Allen voran der bei Ruprechts Wahl ebenso wie Moritz von Spiegelberg unter den tüchtigsten Vertretern des Kapitels genannte Domküster Stephan von Pfalz-Simmern, ein Bruder Herzog Ludwigs von Veldenz, des Gegners von Kurfürst Friedrich. Dieser Wittelsbacher, ein rühriger und gewandter Herr, war die Seele der Bewegung gegen seinen Stammesvetter geworden. Er sei dieser Dinge Hauptmann, Ursächer und Anfänger, klagten die Anhänger Ruprechts. Er sei es, der alle anderen vom Kapitel listig wider ihn verleite und die Städte und das ganze Land aufreize, der durch seine bösen Reden den Erzbischof mit Schimpf überhäufe. Wir haben schon oben gehört, wie der Erzbischof über ihn klagte. Dagegen hören wir andererseits z. B., dass Stephan sogar in seinem Amt als Dombauvorsteher, das er ruhmvoll verwalte, vom Erzbischof auf jede Weise belästigt und gestört werde [84]). Auf Stephans Seite stand denn doch der grösste Teil des Kapitels. Der Dechant selbst, Graf Georg von Leiningen, voran; dann der Achterdechant, Herr Johann von Reichenstein; der Scholaster, Herr Salentin von Isenburg; der alte Graf Heinrich von Nassau-Beilstein, wieder einer der 1463 mit besonderer Auszeichnung Genannten. Rang und Amt als Dompropst zu Mainz und Propst von St. Cassius zu Bonn gab seiner Parteinahme noch erhöhte Wichtigkeit. Ferner Graf Heinrich von Henneberg und der erst nach Ruprechts Wahl eingetretene, in der nächsten Zeit hervorragend thätige Herr Johann von Sombreff. Die Priesterkanoniker waren bezeichnender Weise sämtlich gegen Ruprecht. An ihrer Spitze Dr. Georg Hessler, der spätere Kardinal, damals Protonotar und Referendar des römischen

---

[81]) Für das folgende ist Hauptquelle ein undatiertes Verzeichnis der Widersacher Ruprechts, gedr. Arch. des Vaterl. I S. 146.

[82]) Magnum chronicon S. 406; auch im folgenden benutzt.

[83]) Vgl. Lacomblet IV S. 395 Nr. 324 (oben S. 4 Anm. 8).

[84]) Klageschrift von 1472 S. 311 (§ 27).

Stuhls, Propst zu Xanten und Soest, ein heftiger und bei dem Einfluss, den er überall zu erwerben verstand — wir finden ihn bald in Beziehungen auch zu Heinrich von Hessen, Albrecht von Brandenburg und Kaiser Friedrich —, sehr gefährlicher Gegner des Erzbischofs, mit dem er anfangs wie mit Pfalzgraf Friedrich gut gestanden hatte [85]). Ihm zur Seite sein Bruder Johann, der besonders wegen der Propstei Meschede mit Ruprecht persönlich verfeindet war [86]). Weiter Israel Loirwert, Heinrich Mönch und Jakob von Stralen; alle diese schon von 1463 her in ihren Stellen. Endlich auch die beiden erst danach eingetretenen, Gerhard Roessbaum und der thätige Dr. Ulrich Kreidweiss. Von den Grafen des Landes waren Ruprechts Hauptgegner eben die 4 an der Erklärung vom 29. März 1473 beteiligten: Gerhard von Sayn, der schon am 26. März, ebenso wie der Domdechant, als Hermanns Hofmeister erscheint [87]), Eberhard von Sayn-Wittgenstein, der thatkräftige Philipp von Virneburg, seit seinem Beitritt zur Landeseinung am 8 Januar 1473 eine der tüchtigsten Stützen der Partei, und Friedrich von Wied-Runkel. Aus der Ritterschaft that sich als Anhänger Hermanns ganz besonders hervor Ritter Gerlach von Breitbach; er gewann damals grossen Ruf bei Freund und Feind. Neben ihm standen Johann von Breitbach, der schon erwähnte Ritter Johann von Gymnich, Edward Vogt zu Bell, Gerhard von Hoemen und andere.

Von grösster Bedeutung für die ganze Folgezeit war die Verschiedenheit in der Parteinahme der Städte. Neuss, das schon am 22. März zum Gehorsam für Landgraf Hermann aufgefordert worden war, erklärte alsbald seine volle Zustimmung und rückhaltlosen Anschluss [88]). Bonn und Andernach huldigten dem Landgrafen [89]). Ahrweiler glaubte der Erzbischof damals noch auf gütlichem Wege wiedergewinnen zu können. Er bot ihm Gnade an, wenn es zu ihm zurückkehre [90]). Jedoch vergeblich. Dagegen fiel Linz, das bis in den März mit der Kapitelpartei gegangen war, im entscheidenden Augenblick von ihr ab, liess des Erzbischofs Freunde wieder ein und trat an die Spitze der dem Erzbischof

---

[85]) Er war mit Heinrich von Nassau und Johann von Reichenstein bei Ruprechts Wahl in besonderer Weise beteiligt, siehe oben S. 6 Anm. 13. Vgl. S. 7 Anm. 23.

[86]) Denn er ist in der Klageschrift von 1472 S. 312 (§ 32) gemeint.

[87]) Hermann an Köln März 26, praes. März 29 (Beglaubigung für Pfalzgraf Stephan und die beiden); Stadtarch.

[88]) Tücking, Gesch. von Neuss S. 62.

[89]) Koelhoff S. 825.

[90]) April 7 Brühl, gedr. Arch. des Vaterl. I S. 143.

anhängenden Nachbarorte Sinzig, Remagen, Erpel, Unkel, Honnef und Königswinter [91]). Ruprecht blieb so im Besitz der Linzer Zollstätte und brauchte nur den Bonner Zoll zu verlegen. Mitte April zeigten zwei seiner Räte in Köln an, dass man fortan in Linz ausser dem dortigen auch den Bonner erzbischöflichen Zoll erheben werde [92]). Rechtlich gehörten die Einkünfte des Bonner Zolls zur Hälfte, wie wir gehört haben, dem Kapitel, zur anderen Hälfte aber als Pfandbesitz einer Gruppe von Kölner Bürgern. Beide Teile waren natürlich nicht gewillt, auf die Weitererhebung in Bonn zu verzichten. So musste künftig doppelt bezahlt werden. — Wie am Mittelrhein waren auch am Niederrhein noch zahlreiche Städte auf Ruprechts Seite. Dazu hatte er überall im rheinischen Stiftsland seine festen Schlösser. Und einen Hauptrückhalt für ihn bildete dazu vorläufig der Besitz des bisher vom Stiftsstreit wenig berührten Herzogtums Westfalen. Hier aber kam jetzt die Parteinahme des Hauses Hessen sehr in Betracht.

Eben für Westfalen hatte Ruprecht 1468 mit Landgraf Ludwig von Niederhessen, mit dem er früher (1465) in Krieg gelegen hatte, und 1471 auch mit Landgraf Heinrich von Oberhessen Freundschaftsverträge geschlossen [93]). Landgraf Hermann, der dritte der Brüder, hatte damals Aussichten auf den Bischofsstuhl von Hildesheim. Doch erhielt er bei der Wahl im September 1471 nur einen Teil der Stimmen und kurz darauf, im November, starb Landgraf Ludwig, der Hauptförderer des Hildesheimer Planes. Indem man diesen allmählich ganz fallen liess, schloss Landgraf Heinrich, der jetzt als Vormund der zwei jungen Söhne Ludwigs auch in Niederhessen die Regierung erhielt, am 11. April 1472 mit Landgraf Hermann einen neuen Vertrag ab, der diesem ausser einer Jahresrente den lebenslänglichen Besitz von vier hessischen Bezirken [94]) zusprach, welche aber an Heinrich übergehen sollten, falls Hermann eins der Erzbistümer Mainz, Trier oder Köln

---

[91]) Koelhoff S. 825; Ruprecht an Linz und die 4 feindlichen Städte März 14, Köln. Stadtarch.; an Linz und obige 6 Orte April 6, gedr. Arch. des Vaterl. I S. 145.

[92]) Köln an Ruprecht Apr. 14; Stadtarch., Briefb. 30 Bl. 27 v.

[93]) Der erste (1468 Febr. 22) gedr. Lacomblet IV S. 423 Nr. 339; der zweite (1471 März 7) verz. das. S. 424 Anm. Dieser wird bei Lacomblet irrig als Erneuerung des ersten aufgefasst. — Zwei einleitende Verträge zwischen Ruprecht und Ludwig (1466 Okt. 19 und 1468 Febr. 13) Marb. Staatsarch., Copienbuch B 1 Bl. 25 v und 30 v.

[94]) Den Schlössern, Städten und Gerichten Biedenkopf, Homberg, Melsungen und Schartenberg-Zierenberg.

erlange[95]). Zu dem letzten war ihm nun durch seine Erhebung zum
Hauptmann und Verweser des Stiftes offenbar der beste Weg geöffnet.
So war es keine Frage, dass er und seine Wähler von vorn herein auf
thätigen Beistand Heinrichs sich begründete Hoffnung machen durften.
Erzbischof Ruprecht freilich mochte anfangs noch glauben, die beiden
Brüder getrennt halten zu können. Wie er Hermann vorwarf, seines
Bruders Rat nicht benutzt zu haben — er, Ruprecht, würde sich, wenn
sein Rechtserbieten auf Papst, Kaiser und Kurfürsten nicht angenom-
men, auch mit Erbieten auf Landgraf Heinrich begnügt haben —, so
schrieb er diesem um Beistand gegen die Übelthat, die, wie er darzu-
legen suchte, an ihm geschehe, und bat, den hessischen Unterthanen
Unterstützung der Gegenpartei zu verbieten[96]). Jedoch hörte er bereits
Anfang April, Heinrich biete auf und werbe, um seinem Bruder zu
helfen. Daraufhin befahl Ruprecht dem Kellner zu Arnsberg, seinem
Rat Johann von Hatzfeld, auskundschaften zu lassen, ob das wirklich
geschehe. In einem gleichzeitigen Erlass an Ritterschaft und Städte
Westfalens aber bemühte sich der Erzbischof, ein Ausschreiben zu
widerlegen, das von Landgraf Hermann bereits an jene erlassen worden
war; Ruprecht suchte dem entgegen für sich Stimmung zu machen und
eine Rüstung zu seinen Gunsten zu veranlassen[97]).

Am Rhein nahmen indessen die Feindseligkeiten ihren Fortgang.
Der Erzbischof versammelte in Brühl, Lechenich, Godesberg, Rolandseck, die Gegner aber in Bonn starke reisige Scharen[98]). Während in
Köln noch am 5. April durch den Erzbischof von Trier fruchtlos unter-
handelt wurde[99]), stiessen draussen die Parteien im Feld aufeinander.
Raub, Brand und Totschlag mehrten sich. Die dem Erzbischof erge-
benen Städte im Oberstift bedurften bereits der Mahnung, durch zu-
ziehende Verstärkungen der Gegner an Reiterei und Geschütz sich nicht

---

[95]) Gedr. Lacomblet IV S. 447 Nr. 358.

[96]) Ruprecht an Hermann 1473 März 26 Brühl, an Heinrich undatiert,
gedr. Arch. des Vaterl. I S. 136 und 138.

[97]) Ruprecht an Johann von Hatzfeld Apr. 4, an die westfälischen
Stände Apr. 4 Brühl, gedr. Arch. des Vaterl. I S. 142 und 140.

[98]) Siehe Stein, Akten zur Verfassung und Verwaltung von Köln II
S. 499 (Kölner Ratsbeschluss Apr. 21).

[99]) Ruprecht an Ahrweiler Apr. 7 Brühl, gedr. Arch. des Vaterl. I S. 143;
Köln. Stadtarch., Schickungsverzeichnis 1468 ff. Bl. 61 (1473 Apr. 5). Erzbischof Johann war Apr. 1 und Apr. 7 (Bündnis mit Jülich-Berg zur Erhaltung des Landfriedens) in Köln, Apr. 22 wieder in Trier; Goerz, Regesten S. 237.

erschrecken zu lassen [100]). Bald standen Donnerbüchsen Landgraf Hermanns vor Poppelsdorf, das nach heftiger Gegenwehr schliesslich sich
ergeben musste [101]). Hessische Städte sandten Söldner nach Bonn [102]).

Merkwürdig ist es nun, dass während auf der einen Seite Heinrich von Hessen sich eng an seinen Bruder anschliesst, auf der anderen
Seite das Verhältnis der beiden pfälzischen Brüder gegen früher wesentlich verändert erscheint. Friedrich der Siegreiche liess es nach wie vor
an Schiedsversuchen nicht fehlen. So vermittelten seine Vertreter zusammen mit denen Johanns von Trier am 27. Mai einen kurzen Stillstand zwischen Ruprecht und dem Kapitel [103]). Zu Waffenhülfe dagegen,
wie er sie ehemals geleistet, finden wir Friedrich nicht mehr bei der
Hand. Diese suchte Ruprecht, der von irgend welchem Nachgeben weit
entfernt war, jetzt an einer anderen Stelle. Wenden wir mit ihm
unsere Blicke auf Burgund!

Mit dem unternehmungslustigen Fürsten, der jetzt die burgundischen Lande beherrschte, war Ruprecht eben durch seinen Bruder in
Verbindung gekommen. Karl der Kühne stand schon bei Lebzeiten
Philipps des Guten, als Graf von Charolais und Generalstatthalter seines
Vaters, im besten Einvernehmen mit Friedrich von der Pfalz. Am
15. Juni 1465 trat dieser mit Vertretern Karls in ein Bündnis ein,
worauf pfälzische Truppen den Grafen in seinem französischen Feldzug
bis vor die Thore von Paris begleiteten. Nach dem Frieden von Conflans
bestätigte Karl dieses Bündnis zu St. Troud am 29. Dezember 1465 [104]).
Es war eine Einung zu Schutz und Trutz auf Lebenszeit. In ihr wird
auch des Erzbischofs Ruprecht, und zwar in merkwürdiger Weise gedacht. Nur dann will der Pfalzgraf gegen seinen Bruder durch diesen
Vertrag nicht verpflichtet sein, wenn Ruprecht in gewisser Zeit mit Karl
einen ebensolchen Freundschaftsvertrag eingeht, wie ihn Herzog Ludwig
von Bayern geschlossen hat. Weigert sich Ruprecht, so soll ein Vor-
behalt in Bezug auf ihn für Friedrich nicht bestehen. Man weiss nicht,
ob es eines solchen Druckes bedurfte. Jedenfalls finden wir Herzog

---

[100]) Ruprecht an Linz u. s. w. Apr. 6, Arch. des Vaterl. I S. 145.

[101]) Koelhoff S. 825.

[102]) So Allendorf a. d. Werra Mai 7: Cassel. Landesbibl., Landau'sche
Auszüge, Stichwort Landgrafen.

[103]) Gedr. Lacomblet IV S. 455 Nr. 365. Der 'Hauptmann' des Kapitels ist hier nur wie ein Glied seines Anhangs genannt.

[104]) 2 Urkunden Karls '1465 Dez. 29 more eccl. Gallicane sumpto' bei
Kremer, Gesch. Friedrichs, Urkunden S. 348 und 351.

Karl bald nach seiner Thronbesteigung — am 15. Juni 1467 starb
Philipp — in freundschaftlichen Beziehungen auch zu Ruprecht. Auf
dessen Beschwerde ermahnte Herzog Karl am 20. März 1468 die Stadt
Köln, den Erzbischof an seinen alten Rechten, besonders dem des Hohen
Gerichtes, nicht zu kränken [105]). Doch war der Herzog damals noch
weit entfernt, sich mit dem für seine Lande so wichtigen Haupthandels-
platz des Niederrheins zu überwerfen. Er erneuerte auf dessen Ansuchen am 29. Oktober 1469 das alte Übereinkommen der Stadt mit
Herzog Heinrich III von Lothringen und Brabant vom 13. Dezember 1251
über Sicherheit der beiderseitigen Kaufleute [106]). Obgleich es nicht an
Anlass zu Zwistigkeiten fehlte, stellte sich doch immer wieder ein freund-
liches Verhältnis her, das zu bewahren die Stadt stets sorglich bemüht
war. Der Herzog aber legte überhaupt Wert darauf, sich als guten
Nachbar hinzustellen. Wenn er in den Fehden am Niederrhein und
den Wirren des Erzstiftes als Erbe der Politik seines Vaters überall
die Hand im Spiele hielt, so pflegte er zunächst nicht als Parteigänger,
sondern als Schiedsrichter aufzutreten, was ihm weiteren Raum und die
Freiheit gewährte, seinen Vorteil zu nehmen, wo er ihn gerade fand.
Die Pfandherren, die gegen den Erzbischof zu den Waffen griffen, suchten
zum Teil die Hülfe Herzog Karls zu gewinnen, indem sie ihm ihre
Schlösser zu Lehen auftrugen, worauf er sich ihrer als seiner Vasallen
annahm [107]). Das Abkommen über Schloss und Amt Linn, das Pfalzgraf Friedrich 1469 zwischen seinem Bruder und Ritter Johann von
Hoemen traf, kam auf Veranlassung Herzog Karls zu Stande. Den
Ritter Dietrich von Burtscheid, der ebenfalls 1469 Schloss und Amt
Lechenich dem Erzbischof wieder einräumte, treffen wir nachher im
Dienst Herzog Karls [108]). Als mit dem Beginn des Jahres 1473 die Verhältnisse im Erzstift sich zuzuspitzen begannen, konnte kein Zweifel sein,
dass der Herzog sich einmischen werde. Aber nunmehr doch auch darüber
nicht, auf wessen Seite er mehr neige. Es lag in der Natur der Sache:
wie in der ständischen Partei der Gedanke aufkommen musste, einen

---

[105]) 1468 März 20 Brüssel, praes. Apr. 20; Stadtarch. Bisher in
Nichtberücksichtigung der Osterrechnung zu 1467 gesetzt (Ennen, Gesch.
von Köln III S. 479).

[106]) Karl an seine obersten Provinzbeamten 1469 Okt. 29 Haag; Köln.
Stadtarch., Weisses Buch Bl. 215 und Burgund. Briefb. Bl. 6; Auszug Cöll-
nische Reform (1621) Abt. II S. 170. Die alte Urkunde Stadtarch. Nr. 179.

[107]) Klageschrift von 1472 S. 307 (§ 7).

[108]) Vgl. oben S. 9 Anm. 30.

Rückhalt beim Reich zu suchen, so hatte die eigenwillig-fürstliche Politik des Erzbischofs in dem mächtigen Selbstherrscher von Burgund ihre beste Stütze zu erblicken.

Schon am 18. März 1473 liess Herzog Karl vernehmen, durch doppeltes Bündnis der Kirche und dem Erzbischof von Köln verbunden erfuhre er mit grossem Missfallen, dass das Domkapitel mit einigen Edelen und Städten des Stiftes den Weg der Gewalt gegen ihren Herrn beschreite, Schlösser und Städte wegnehme und belagere. Er ermahnte, von diesem Wege abzustehen und schlug einen Schiedstag an seinem Hofe oder anderswo vor, den er selbst abhalten oder durch seine Räte beschicken wolle. Von diesen einer, der Propst Johann Ostoms von Nivelles, kam zu wiederholten Malen als Unterhändler in das Erzstift. Sein besonderes Augenmerk richtete der Herzog auf die Stadt Köln, von der er nicht nur strenge Neutralität verlangte, sondern auch wünschte, dass sie zur Einstellung der Feindseligkeiten ihren Einfluss geltend mache. Den beabsichtigten Schiedstag vor dem Herzog sollte sie mitbesenden [109]).

Köln befand sich in schwieriger Lage. Die üblichen Streitigkeiten der Stadt mit den Erzbischöfen, besonders wegen der Hoheitsrechte, mussten bei der rücksichtslosen Art Ruprechts auf das schärfste hervortreten, zumal die Befugnisse der Stadt durch Pfandverschreibungen erweitert waren, was eine natürliche Hinneigung der Stadt zu den Pfandherren im Stift hervorrief [110]), die den Erzbischof verdross. Er hatte in den Geldnöten besonders der ersten Jahre mehrfach bei Köln Unterstützung durch grosse Darlehen gefunden [111]) und musste auf seine im grossen ganzen ziemlich geduldige Gläubigerin immerhin einige Rücksicht nehmen. Doch stand er der Stadt, die darüber klagte, dass er ihr so dauernd fernbleibe, mehr feindlich als freundlich gegenüber. Als der Streit im Stift offen ausbrach, bemühten sich zunächst beide Par-

---

[109]) Köln. Stadtarch. — Karl an Köln 1473 März 18 Brüssel (ausführlicher Brief mit Beglaubigung des Propstes), Apr. 26 Doullens in Artois nördlich von Amiens (zweite Beglaubigung), Burgund. Briefb. Bl. 15 und 17. Aus einer gleichzeitigen kölnischen Übersetzung des 1. Briefes ein mangelhafter Auszug Niederrhein. Annalen 49 S. 6, irrtümlich zu 1472 (wie bei Ennen III S. 479). Mai 14 wurden Vertreter Kölns verordnet, des Propstes Botschaft zu hören, Schickungsverz. 1468 ff. Bl. 62 v. Den Inhalt der Botschaft lehrt ein Vermerk des Protonotars Reiner von Dalen Burgund. Briefb. Bl. 17.

[110]) Vgl. Magnum chronicon S. 408.

[111]) Stadtarch., Samstags-Rentkammer, Ausgaben Bd. 29ᵐ: 1464 Dez. 25, 1466 Okt. 31 u. s. w.

teien um Kölns Gunst [112]). Die Stadt aber hielt sich anfangs sehr
zurück und war aus Sorge für ihre Selbständigkeit gegen beide Parteien
auf der Hut. Sie traf zu ihrem Schutz allerlei Sicherheitsmassregeln,
gerade damals noch besonders erschreckt durch den Handstreich, den
der Herzog von Lothringen mit Hülfe des Pfalzgrafen am 9. April 1473
gegen die Stadt Metz versuchte [113]). Dann kam die schwere Schädigung
des Kölner Handels durch die Verlegung des Bonner Zolles nach Linz [114]).
Auch sonst mehrten sich die Plackereien, die die Stadt von Seiten der
Erzbischöflichen erfuhr. Und in den Gebieten des Herzogs von Burgund wurden wiederholt Kölner Kaufleute feindselig behandelt [115]). Unter
diesen Verhältnissen konnten die burgundischen Anmutungen in Köln
keinen günstigen Boden finden. Vielmehr that die Stadt damals einen
entscheidenden, die künftige Richtung ihrer Politik festlegenden Schritt
nach der anderen Seite. Vom 5. Juni 1473 datiert der hundertjährige
Freundschaftsvertrag, den sie mit der Kapitelpartei abschloss [116]). Landgraf Hermann, Kapitel und Stände versprachen darin namentlich, der
Stadt bei Gefahr eines Angriffs mit 1000 Mann zu Pferd und 1000
zu Fuss Hülfe leisten zu wollen. Unter den Zeugen von Edelmann und

---

[112]) Vgl. Ruprecht an Köln 1473 März 15, Hermann an Köln März 26
und Apr. 11. Pfalzgraf Stephan, Johann von Sombreff, Johann Hessler, Gerlach von Breitbach und Edward Vogt zu Bell kamen Apr. 14 vor den Rat,
sie sollten für Hermann vor allem ein Darlehen erbitten, Vermerk des Protonotars zu dem Brief Apr. 11. Stadtarch.

[113]) Beschluss von 1473 Apr. 21, gedr. Stein, Akten zur Verfassung
u. s. w. II S. 499. Unter anderem sollten Pfaffschaft und Universität über
ihre Haltung befragt werden.

[114]) Von den beiden Räten Ruprechts, die am 14. April die Verlegung
anzeigten (Kanzler Dr. Johann von Linz, Propst von St. Severin in Köln, und
Dr. Johann von Eynatten) hatte Köln, da es geltend machte, dass der Erzbischof gewöhnliches Geleit zur Frankfurter Messe gegeben hatte, Freiheit
vom neuen Zoll bis zum 2. Mai versprochen erhalten. Eine Verlängerung
dieser Frist wurde vom Erzbischof nicht bewilligt. Stadtarch.; Briefe Kölns
Apr. 14 und 19, Briefb. 30 Bl. 27 v und 28; Ruprecht an Köln Mai 9,
Briefeing.

[115]) Köln an Karl und an Antwerpen 1473 Juni 11, Briefb. 30 Bl. 40 v
und 43 v. Weiterhin vgl. z. B. Köln nach Bergen op Zoom 1474 März 21,
Briefb. 30 Bl. 107.

[116]) Stadtarch, Urk. Nr. 13201, auch Urkb. 1464—1523 Bl. 63 (mit
Spuren starker Benutzung) u. s. w. Gedr. nach anderer Vorlage Lacomblet IV S. 456 Nr. 366. — Übrigens wurde die Partei nicht vor Mitte November mit der Besiegelung fertig: Landgraf Hermann an den Kölner Bürgermeister Peter von der Clocken 1473 Nov. 9 Bonn; Stadtarch., Briefeing.

Ritterschaft erscheint hier eine Anzahl neuer Namen, bei den Grafen ist zum ersten mal der junge Heinrich von Nassau-Beilstein, ein Bruder-sohn des Propstes Heinrich, wir sehen die Partei im Besitz der Amt-manuschaften von Andernach, Bonn, Zons, Hülchrath, Kempen und Ürdingen. Die Entscheidung Kölns aber war um so bedeutender, als der Herzog von Burgund sonst allenthalben am Niederrhein gerade jetzt mächtig um sich zu greifen begann.

Herzog Johann von Kleve-Mark war ein alter Gegner Erzbischof Ruprechts, sodass er unter anderem mit Landgraf Hermann und seiner Partei zu freundschaftlicher Haltung gegen einander und zu Beobachtung eines alten Vertrages über Soest und Xanten sich verständigte. So lange Ruprecht bei der Macht bleibe, die er noch im Stift Köln habe, so lange solle keine der beiden Parteien sich mit ihm scheiden, ehe er jenen Vertrag bestätige [117]). Doch unterhielt Johann andererseits schon seit Jahren Beziehungen zu Herzog Karl von Burgund, und diese bildeten jetzt ein festeres Band als obige Verabredungen. Auch Herzog Gerhard von Jülich-Berg trat mit Karl in freundnachbarliche Verbindung. Wir haben eine Urkunde Gerhards, in der er Hülfeleistung unter gewissen Umständen verspricht; freilich nimmt er dabei den Kaiser, den Herzog von Kleve und die Stadt Köln aus [118]). Am 21. Juni 1473 bekundete Herzog Karl ein Freundschaftsbündnis mit Gerhard, das besonders für Geldern und Zütphen geschlossen war, die Herzog Karl mit Einwilligung des Kaisers zu erlangen hoffte. Gerhard trat seine Ansprüche auf diese beiden Länder eben damals mit Zustimmung seiner Söhne für 80000 Gul-den an Karl ab [119]). Für seine eigenen Ansprüche aber berief sich Karl auf Schenkung durch den im Februar verstorbenen Herzog Arnold von Geldern, dessen Sohn er gefangen hielt. Da die Bevölkerung sich nicht gutwillig unterwerfen wollte, hatte Karl wohlvorbereitet [120]) zu den Waffen

---

[117]) 1473 ohne Tag, gedr. Lacomblet IV S. 465 Nr. 371.

[118]) Undatiert, gedr. Annalen 49 S. 19, irrtümlich mit '[1474 August]'. Anfang Mai 1474 wurde der Vertrag in Besprechungen zwischen Jülich-Berg und Köln als bestehend erwähnt, siehe unten.

[119]) Siehe Lacomblet IV S. 460 Nr. 367 (1473 Juni 21) mit Anm. (Juni 20); Müller, Reichstags-Theatrum unter Kaiser Friedrich, II S. 585 (1473 . . . 20).

[120]) Ende Mai wusste der Kaiser in Augsburg bereits von burgundischen Rüstungen wegen Gelderns; lombardische Söldner zogen durch das Reich zu Herzog Karl; Janssen, Frankfurter Reichscorrespondenz II 1 S. 286; Prie-batsch, Politische Correspondenz des Kurf. Albrecht Achilles, I S. 563 Anm. 1; u. s. w.

gegriffen und am 10. Juni sich von Maastricht erhoben. Ende des
Monats war ganz Obergeldern, mit Roermond und Venlo, in seiner Ge-
walt. Damit stand er an der Grenze des Erzstiftes Köln, in bedroh-
licher Nähe von Neuss, bei dem sich Köln voller Besorgnis wegen dieser
Dinge erkundigte [121]). Wie unbequem die neue Nachbarschaft zu werden
versprach, zeigte alsbald das Erscheinen eines burgundischen Herolds in
Köln, mit einem wälschen Brief seines Herrn, worin dieser auf Austrag
von Streitigkeiten zwischen einem seiner Unterthanen und einem Kölner
Bürger drang, in einer Weise, die auf Kölns rechtliche Freiheiten keine
Rücksicht nahm [122]).

In diesem Augenblick bot Erzbischof Ruprecht der Stadt Köln
eine freundschaftliche Besprechung an [123]). Die Stadt bestimmte zwei
Ratsfreunde, mit denen Ruprecht am 4. Juli zu Brühl allein sich be-
sprach und denen er die Beschwerden, die er gegen die Stadt habe,
schriftlich übergab. Er verlangte nicht weniger als die ungeheuere
Summe von 400000 Gulden als Entschädigung und das Versprechen,
die gerügten Dinge fürder abzustellen. Wo nicht, so wolle er solche
Ansprüche aus seinen Händen stellen in eine mächtigere Hand, die Stadt
darum zu verfolgen [124]). Am 11. Juli liess die Stadt zu Brühl Antwort sagen [125]). Sie erbot sich zu Austrag der Beschwerden durch
Schieds- oder Rechtsverhandlung. Der Erzbischof aber schlug das
ab [126]). Es blieb also bei der Drohung mit der mächtigeren Hand
und die Stadt wusste nun, wo ihr die grösste Gefahr lauerte. Mit dem
Erzbischof öffentlich zu brechen, hütete sie sich damals noch sehr. In
einem Zwist, der darüber ausbrach, dass das Kapitel einen Hof in der
Trankgasse zu Köln, den der Erzbischof für sein Eigentum erklärte,

---

[121]) 1473 Juni 25; Stadtarch., Briefb. 30 Bl. 46 v.

[122]) Stadtarch., Schickungsverz. 1468 ff. Bl. 63, 1473 Juni 28; Priebatsch
a. a. O. I S. 543, Ludwig von Eyb u. s. w. 1473 Aug. 2.

[123]) Juni 29 Brühl, praes. Juni 30, Briefeing.; Antwort Juli 3, Briefb.
30 Bl. 49; Stadtarch. — Nach Chmel, Regesten K. Friedrichs Nr. 6746 wäre
Ruprecht am 25. Juni 1473 in Ulm gewesen. Das kann aber nicht richtig
sein und die daran geknüpfte, in zahlreichen Büchern wiederholte Vermutung,
damals hätten Kaiser Friedrich und Erzbischof Ruprecht in Sachen des
Kölner Stiftes persönlich mit einander verhandelt, muss gänzlich fallen gelassen werden.

[124]) Annalen 49 S. 170, Kölner Erlass von 1474 Dez. 11.

[125]) Köln an Ruprecht 1473 Juli 9, Briefb. 30 Bl. 48 v; Antwort
Juli 10 Brühl, praes. Juli 10, Briefeing.; Stadtarch.

[126]) Annalen a. a. O.

für Landgraf Hermann in Besitz genommen hatte, versicherte die Stadt
dem Erzbischof ihre Unparteilichkeit [127]). Sie hatte eben jetzt erz-
bischöfliches Geleit zur Frankfurter Herbstmesse nötig. Aber sie setzte
ihre seit dem Juni begonnenen Rüstungen eifrig fort [128]). Und zudem
trat sie in ein Bündnis mit Landgraf Heinrich von Hessen. Zwei Gesandte von diesem, sein Hofmeister und einflussreicher Hauptratgeber
Hans von Dörnberg und der Amtmann Asmus Döring, waren am 9. Juni
in Köln erschienen, zu mündlicher Werbung wegen Landgraf Hermanns [129]).
Dieser selbst weilte eben damals wie wiederholt in den folgenden Wochen
in Köln. Die hier gepflogenen Beratungen, an denen namentlich Hans
von Dörnberg hervorragenden Anteil hatte [130]), führten am 24. Juli
zum Abschluss 'eines Erbfreundschaftsbundes zwischen Heinrich von
Hessen und der Stadt Köln, in dem unter anderem vorgesehen wurde,
dass der Landgraf die Stadt im Kriegsfall mit 800 Mann zu Pferd
und 1200 zu Fuss unter 3 bis 4 Hauptleuten gegen bestimmten Sold
und Ausrüstungsgeld zu unterstützen habe [131]).

Zwischen den Parteien im Stift hatten indessen neue Verhandlungen stattgefunden. Die beiden Landgrafen hatten Anfang Juni gemeinsam sich an den Kaiser gewendet [132]), und wohl infolge hiervon
geschah es, dass Bischof Johann von Augsburg, ein Bruder des Grafen
Haug von Werdenberg, des bekannten kaiserlichen Rates, in das Erzstift herabkam. In Übereinstimmung mit dem Pfalzgrafen Friedrich

---

[127]) Domkapitel an Köln Juli 14, praes. Juli 14; Hermann an Köln
Juli 15 Köln, praes. Juli 16; Ruprecht an Köln Juli 25 Brühl, praes Juli 26;
Antwort hierauf undatiert Briefb. 30 Bl. 51; Stadtarch.

[128]) Stadtarch.; Schickungsverz. 1468 ff. Bl. 62 v (1473 Juni 10), 64
(Juni 30), 64 v (Juli 14) u. s. w.; Johann und Eberhard von Wittgenstein an
Köln Juli 17, Briefeing.

[129]) Heinrich an Köln Mai 22 Marburg, praes. Juni 9, Briefeing.

[130]) Am 2. Juli versprach ihm Landgraf Hermann für getreue und
fleissige Dienste, die er ihm gethan habe und noch thun möge, ein Jahrgeld von
100 rheinischen Gulden an gutem baren Gold auf Lebenszeit. Das Domkapitel
siegelte mit. Gedr. Justi u. Hartmann, Hessische Denkwürdigkeiten I S. 70.

[131]) Stadtarch., Urk. Nr. 13205. Auch Urkb. 1464—1523 Bl. 60, mit
der Bemerkung: Dit verbunteniss hait gekost 3000 g. vur den heren [Land-
graf Heinrich] ind 2 kleynoit van 200 g., ind den reeden [Dörnberg und
Döring] zo wynkouff 500 g.

[132]) 1473 Mai 29 Marburg schreibt Landgraf Heinrich an Martin Schenck,
Komthur zu Stedebach, er möge morgen herkommen, um mitsamt Landgraf
Hermanns Räten zum Kaiser zu reisen; Ausfert. im Marb. Staatsarch,
Deutschorden.

machte er den Vorschlag, dem Erzbischof ein jährliches 'Deputat' von
5000 Gulden zu geben und über die Regalien des Kurfürstentums und
die geistlichen und weltlichen Lehen ein festes Abkommen zu treffen.
Bischof Johann, der gegen Ende Juli nach Baden-Baden an den kaiserlichen Hof zurückkehrte, versicherte dort, der Erzbischof würde diese Bedingungen angenommen haben, wenn nicht Herzog Karl ihm eine viel
bessere Auseinandersetzung versprochen hätte. Der Herzog war nämlich
'mit einer zierlichen Botschaft' an das Kapitel herangetreten. Er bat um
Erlaubnis, seinerseits Unterhandlungen vornehmen zu dürfen, fügte jedoch
gleich sehr bestimmt hinzu, er könne nicht zusehen, dass das Erzstift
verderbt werde [133]). Landgraf Hermann hielt es für geraten, ihm ent-
gegenzukommen: am 17. Juli schickte er Gerhard von Sayn, Heinrich
von Limburg, Ulrich Kreidweiss und Gerlach von Breitbach aus Köln
an den Herzog ab, zu berichten und als Bevollmächtigte eine Überein-
kunft abzuschliessen [134]). Am kaiserlichen Hofe fürchtete man deshalb,
dass der Streit von beiden Seiten her dem Herzog, wie man sich aus-
drückte, in die Hand wachsen würde [135]). Um dies zu verhüten, hätte
man gewünscht, dass innerhalb des bis zum 21. September währenden
Waffenstillstandes, der im Stift verabredet worden war, der Kaiser
selbst eine Vermittelung versuche. Kaiser Friedrich weilte schon seit
Ende Juni bei seinem Schwager, dem Markgrafen Karl, in Baden-Baden,
wo eine stattliche Zahl von Reichsfürsten sich um ihn sammelte. Auch
Gesandte Karls trafen ein. Ebenso finden wir Anfang August beide
Landgrafen von Hessen dort, die um Förderung ihrer Sache beim Papste
ersuchten [136]). Die Gelegenheit zu Verhandlungen schien also für den
Kaiser günstig. In der That liess er schon Ende Juli verlauten, er
wolle die Parteien nach Trier oder anderswohin bescheiden und die
Sache in seine Hand nehmen, fremde Einmischung zu verhüten [137]).
Aber die Erfolglosigkeit neu aufgenommener Verhandlungen zwischen
dem Kaiser und Pfalzgraf Friedrich versprach auch für die kölnische
Sache nichts gutes. Man setzte wohl von keiner Seite grosse Erwar-
tungen auf den Kaiser.

---

[133]) Ludwig von Eyb und Hertnid von Stein an ihren Herrn, Albrecht
von Brandenburg [1473 Juli 29 Baden], Auszug Priebatsch I S. 539.

[134]) Gedr. Lacomblet IV S. 462 Nr. 368.

[135]) Eyb und Stein a. a. O.

[136]) Bericht von Eyb und Stein Aug. 2 [Niederbaden], Auszug Priebatsch I. S. 543.

[137]) Priebatsch I S. 542 (Bericht von Eyb und Stein Juli 31 Baden).

Um so thatkräftigeres Eingreifen dagegen liess sich von Herzog Karl erwarten. Ein Nürnberger in seinem Dienst schrieb damals nach Hause: wer meines Herrn bedarf, dem hilft er; er weist niemanden ab und fühlt sich wohl in solchen Händeln [138]). Fortwährend machte sich der Herzog am Rhein zu schaffen. Von den dortigen Kurfürsten forderte er Abschaffung der rheinischen Weinzölle, während er selbst solche Zölle aufrichtete [139]). Nach Köln kamen wegen des Weinstapels in der nächsten Zeit wiederholt burgundische Gesandte [140]). Die Unterwerfung Gelderns und Zütphens machte den Namen des Herzogs von neuem gefürchtet. Von allen Seiten suchte man seine Gunst. Die Gesandten beider Stiftsparteien trafen ihn, als er eben (am 19. Juli) den starken Widerstand von Nimwegen, der Hauptstadt Niedergelderns gebrochen hatte [141]). Im Lager bei Elten erschien der Bischof von Münster, im Lager bei Zütphen der Bischof von Paderborn [142]). Auch der Bischof von Utrecht kam zu Besuch herüber. Der Herzog von Kleve war bei Karl, er erhielt damals als Lohn für seine Hülfe zur Eroberung Gelderns [143]) eine ganze Reihe von Lehen [144]). Man sah, Karl sorgte für seine Freunde.

Da war nun das Ereignis, dass am 4. August 1473 zu Zütphen auch Erzbischof Ruprecht persönlich bei Herzog Karl sich einstellte,

---

[138]) Aug. 14 Zütphen, gedr. Priebatsch I S. 561.

[139]) Bericht von Eyb und Stein Aug. 2, Priebatsch I S. 543, vgl. den früheren Auszug im Anzeiger für Kunde der deutschen Vorzeit N. F. XI Sp. 204. Bereits 1470 hatte Karl von den rheinischen Fürsten Minderung der grossen und schweren Zölle verlangt, durch die der Handel beschwert werde: Karl an Köln 1470 Okt. 23 Hesdin, Stadtarch. Vgl. Goerz, Regesten S. 236, Johann von Trier an Karl 1473 Febr. 1 wegen der Landzölle.

[140]) Karl an Köln Juli 30 Mecheln, praes. Aug. 17; Aug. 14 Zütphen, praes Aug. 20; Stadtarch. Vgl. Priebatsch I S. 539 (Juli 29).

[141]) Siehe die 'Ancienne chronique' in der Ausgabe des Philipp von Comines von Godefroy u. Lenglet du Fresnoy 1747, II S. 173 ff. (auch schon in den älteren Ausgaben von Godefroy). Hauptsächlich auf dieser hochwichtigen Quelle beruht das 'Itinéraire de Charles le Hardi' von Marneffe, Compte rendu (Bulletins) der Brüsseler Commission d'histoire Reihe IV Bd 12. — Hier siehe Lenglet II S. 206 f.

[142]) Diesen erwähnt der Nürnberger Aug. 14, Priebatsch S. 562, unten.

[143]) Juni 27 bis 29 hatte er Karl im Schloss zu Kleve beherbergt, Juli 14 stiess er vor Nimwegen wieder zu ihm; Lenglet II S. 206. Er erbat damals Donnerkraut von Köln, was die Stadt aber abschlug; Stadtarch., Briefeing. Juli 14 (Lager vor Nimwegen), Antwort Briefb. 30 Bl. 49.

[144]) Siehe Lacomblet IV S. 444 Anm. (Aug. 2), S. 462 Nr. 369 (Juli [22—27]), S. 464 Nr. 370 (Aug. 5), S. 465 Anm. (Aug. 7).

als ein Hülfesuchender, klagend und bittend. Am nächsten Tage konnte er Zeuge sein, wie die unterworfene Stadt Zütphen dem Herzog den Eid leistete. Er mochte dabei an das widerspenstige Neuss denken, über das er sich ganz besonders beschwert haben soll [145]). Karl empfing ihn mit grossen Ehren und pflog geheimen Rat mit ihm. Freilich war der Zeitpunkt dem Erzbischof nicht gerade günstig, an augenblickliche Hülfe wenigstens war nicht zu denken. Der Herzog stand mit Kaiser Friedrich in lebhaften Unterhandlungen, die ihm, wie er hoffte, nicht nur die Belehnung mit Geldern, sondern auch die Königskrone und andere schöne Dinge bringen sollten. Er erwartete gerade die Ankunft kaiserlicher Gesandten — am 14. August trafen sie in Nimwegen ein —; er rüstete sich, zu der geplanten persönlichen Zusammenkunft hinaufzureiten; man erklärte an seinem Hofe bereits, an Glanzentfaltung werde der Kaiser dem Herzog nicht gleichen können. Aber dass der Herzog darum nicht aufgeben werde, im Stift Köln einzugreifen, war allen klar. Der oben erwähnte Nürnberger meinte, sobald man vom Kaiser zurück sei, werde sein Herr die kölnischen Parteien gewiss richten [146]). Und dass bei solchem Gericht die Kapitelpartei sehr schlecht fahren würde, war doch schon jetzt so gut wie sicher.

Der Erzbischof, der bereits am 12. August wieder auf seinem Schloss zu Linn war, schien mit dem Erfolg seiner Reise wohl zufrieden; er führte eine stolze, zuversichtliche Sprache [147]). Seine Gegner mussten darauf bedacht sein, in der noch vorhandenen Frist ihre Stellung möglichst zu befestigen. Das wichtige Neuss erhielt damals vom Domkapitel aussergewöhnliche Rechte verliehen; kein Erzbischof sollte zugelassen werden, der dieselben nicht bestätige [148]). Innere Streitigkeiten der Stadt war man bemüht beizulegen [149]). Bei Köln suchte die Kapitelpartei wieder um Geld zur Kriegführung nach. Vom 14. August datiert ein Schuldbrief über 6000 Gulden, doch hielt es schwer, die dafür verlangten Bürgschaften zusammenzubringen, und es wurde deshalb zunächst nur ein kleiner Abschlag geleistet [150]). Neue Besorgnis

---

[145]) Lenglet II S. 207, Magnum chronicon S. 410.
[146]) Lenglet II S. 207, Priebatsch I S. 562 und 569.
[147]) Ruprecht an Köln Aug. 12 Linn, Aug. 19 Brühl, Stadtarch.
[148]) 2 Urkunden von Aug. 14, siehe Tücking S. 63.
[149]) Neuss an Köln Sept. 17, Stadtarch.
[150]) Schuldbrief Hermanns, des Kapitels, der Grafen von Virneburg, Wied, Wittgenstein, Beilstein und der 4 Städte 1473 Aug. 14; Stadtarch., Urkb. 1464—1523 Bl. 141v (vgl. Tücking S. 63). Schadlosversprechen für

erweckte die Haltung des Kaisers. Nur mit seiner Lässigkeit hatte
man gerechnet; jetzt schien es, als wolle er auf Kosten der Kapitelpartei sich mit dem Burgunder verständigen. Denn als er das Kapitel
wirklich vor sich berief, ihm einen Tag nach Trier setzte, bemerkte
man mit Befremden, dass der Person des Stiftsverwesers in dem La-
dungsbriefe mit keiner Silbe gedacht war. Ganz betroffen schrieb
Landgraf Hermann, zu Köln am 29. August, hierüber vertraulich an
den Hofmeister Dörnberg. Er wisse gar nicht, wie er das verstehen
solle. Er sei doch in dem getroffenen Waffenstillstand mitbegriffen.
Jedenfalls müsse er sich wohl vorsehen und, falls etwas wider ihn angeschlagen werde, dem mit Vernunft und mit Beistand seines Bruders
und anderer Fürsten zuvorkommen. Dörnberg, durch seine Thätigkeit
im Stift von allem genau unterrichtet, könne ermessen, wieviel bei dem
gegenwärtigen Stand der Dinge auf diesen Tag ankommen werde. Hermann gedachte trotz Nichtladung stattlich nach Trier hinaufzureiten,
Dörnberg aber sollte dahin wirken, dass der Tag auch von Landgraf
Heinrich persönlich besucht, von den mit Hessen erbverbrüderten
Häusern Brandenburg und Sachsen durch Räte besandt werde. An
Heinrich selbst wagte Hermann keine Abschrift des kaiserlichen Briefes
zu schicken, er teilte ihm nur die Ansetzung des Tages mit und bat
um sein persönliches Erscheinen [151]). Es ist bezeichnend, dass eben
damals Köln die durch Dörnberg verabredeten Zahlungen für den Vertrag mit Landgraf Heinrich vom 24. Juli leistete [152]). Hermann sah

---

Neuss Aug. 30, siehe Tücking S. 64; für Andernach Aug. 30 und Sept. 17,
siehe Annalen 59 S. 117. Hermann an Bürgermeister von der Clocken wegen
noch fehlender Besiegelung durch Ahrweiler Nov. 9, Stadtarch. (Antwort
Nov. 10, Briefb. 30 Bl. 71v). — Aug. 27 wurden 600 Gulden als bezahlt gebucht; Stadtarch., Samstags-Rentk. Ausg. Bd. 45. Aug. 31 quittierten hierüber
Hermann und Kapitel; Entwurf auf Zettel. Sept. 15 sollten dieselben sowie
der alte Heinrich von Nassau als Mainzer und Bonner Propst und Friedrich
von Wied sich wegen eines weiteren Abschlages von 1300 Gulden verschrei-
ben; Entwurf auf Zettel. Dieser Abschlag wurde aber nicht geliefert; erst
1474 Jan. 29 wurden 5400 Gulden, also alles bis auf die 600, gebucht;
Rentk. a. a. O.

[151]) Hermann an Dörnberg, 'seinen Rat'; Ausfert. im Marb. Staatsarch.,
Akten 1473. Am Schluss die eigenhändigen Worte: 'lieber Hans, men kan
uch soe ganz nit geschryben als dye noit ist; ir wyst al sach woel; und
blyebet jae nit uss. Hermannus manu propria'. — Landgraf Heinrich war
Sept. 11 in Cassel; Marb. Staatsarch., Urk. Eppenberg.

[152]) Bürgerm. und Rentm. von Köln an Dörnberg Sept. 3, Briefb. 30
Bl. 57v. Das Geld (3520 [!] bescheid. oberl. rhein. Gl.) ist angewiesen; ein

sich unterdessen nach weiterem Beistand um. Nicht unwichtig war bei
der Lage ihrer Gebiete, wie die Brüder Bernhard von Lippe und Simon
von Paderborn, Nachbarn Hessens und des kölnischen Westfalens, sich
verhalten würden. Den Bischof fanden wir schon bei Herzog Karl.
Den Edelherrn glaubte Landgraf Hermann noch auf seiner Seite, er
bat ihn um eine Reiterhülfe, die am 20. September in Ürdingen eintreffen möge [153]). Doch auch Bernhard benahm sich verdächtig; man
hörte in kurzem, er wolle, während Landgraf Heinrich mit Heereskraft
Hermann zu Hülfe nach Linz an den Rhein ziehe, mit Reitern in
Brilon einrücken, um Heinrichs Unternehmen nach Vermögen zu
hindern [154]). Die Besorgnis wegen des Trierer Tages vor dem Kaiser
erwies sich allerdings bald als eine vorläufig unnötige. Zwar war der
Verdacht, den die Form der Ladung erregt hatte, durchaus nicht grund-
los gewesen [155]). Aber der Tag verzögerte sich und der Kaiser hatte
mit anderen Angelegenheiten alle Hände voll zu thun. Vom Kapitel
reiste Pfalzgraf Stephan an seinen wandernden Hof hinauf [156]) und er
scheint beruhigende Nachrichten gesandt zu haben. Landgraf Hermann
blieb im Stift, wo am 21. September der Waffenstillstand ablief. Die ersten,
die es zu fühlen bekamen, waren Ruprechts Anhänger in Kempen [157]).
So waren die Feindseligkeiten bereits wieder im Gange, als Kaiser Friedrich am 28. September endlich in Trier eintraf. Zwei Tage später
kam auch Herzog Karl dort an. In den denkwürdigen Verhandlungen,
die jetzt zwischen den beiden hohen Häuptern begannen, war von dem
Streit im Kölner Erzstift zunächst wenig die Rede.

Dagegen meldete sich in diesem Augenblicke eine andere Macht:
in Köln erschien ein Legat des römischen Stuhles. Nachdem die Sendung des Erzbischofs von Kreta nicht zu Stande gekommen war [158]), hatte

---

Kleinod ist augenblicklich nicht aufzutreiben, weil alles für die Frankfurter
Messe eingepackt ist; doch wird das [!] Kleinod erster Tage bestellt. Vgl.
oben S. 30 Anm. 131.

[153]) Hermann an Bernhard Sept. 7 Bonn, verz. Preuss u. Falkmann,
Lippische Regesten III S. 448.

[154]) So berichtete der westfälische Ritter Goswin Ketteler an Landgraf
Heinrich; Bernhard, der das von Simon erfuhr, erklärte das Anbringen für
unwahr; Schreiben an Heinrich [1473] Nov. 4 Neuhaus bei Paderborn, verz.
Preuss u. Falkmann III S. 468, irrtümlich zu 1474 (Nov. 3).

[155]) Vgl. Bachmann, Deutsche Reichsgesch. II S. 417.

[156]) Siehe Kölner Mitteilungen 25 S. 346 f.

[157]) Hermann an Köln Sept. 23 Bonn, praes. Okt. 1, Stadtarch.

[158]) Siehe oben S. 15.

Papst Sixtus einige Zeit später den Bischof Alexander von Forli schicken
wollen, denselben, der nachher 1475 zum Friedensschluss vor Neuss
entscheidend mitgewirkt hat. Damals 1473 jedoch hat er seine Reise
nicht angetreten: sein Auftrag wurde zurückgezogen, weil die Nachricht
nach Rom kam, man habe im Stift Frieden geschlossen, was sich wohl
auf die Abmachungen Pfalzgraf Friedrichs vom November 1472 bezog.
Bald jedoch hiess es wieder, dass der Friede nicht angenommen worden
sei und der Streit heftiger fortbestehe. Es dauerte indessen noch bis
zum Juli 1473, bis endlich ein neuer Legat, Bischof Hieronymus
Santucci von Fossombrone, bevollmächtigt wurde. Gleichsam wie ein
Friedensengel sollte er auftreten, und um seinen Zweck zu erreichen,
sollte er Gewalt haben, streitige Plätze, Güter und Rechte in des
Papstes und der römischen Kirche Namen besetzt zu halten, geistliche
Strafen zu verhängen und die Hülfe des weltlichen Armes in Anspruch
zu nehmen [159]). Auf Grund seiner Vollmachten erliess er am 4. Oktober 1473 zu Köln ein feierliches Gebot, Frieden zu halten, abzustehen
von Gewalt und Waffen und kein Schloss, Stadt, Dorf noch anderen
Besitz der Kirche in fremde Hände zu bringen [160]). Wie die Sachen
standen, war freilich mit solchen Geboten allein nichts zu erreichen.
Machtfragen werden anders entschieden.

Die nächste Wirkung der Gesandtschaft war eine höchst uner-
wartete. Herzog Karl wusste in allgemein gehaltenen Ermahnungen,
die der Papst und der Legat an ihn richteten, sogar eine Stütze für
seine Einmischung zu finden. Er hat sich fortan stets darauf berufen,
vom Papst um Hülfe angegangen und zum Einschreiten ermächtigt worden
zu sein. So verkündete er denn alsbald von St. Maximin bei Trier
aus am 14. Oktober, dem an ihn ergangenen Rufe des Papstes und des
Orators folgend — vom Hülfegesuch Ruprechts an ihn war jetzt keine
Rede — wünsche er weiteren Waffenstillstand und Abhaltung eines

---

[159]) Bericht des Legaten über die Vorgeschichte seiner Sendung in
in seinem Mandat von 1474 Apr. 3 Köln; Stadtarch., Burgund. Briefb. Bl. 21.
Daselbst eingereiht 2 Erlasse des Papstes an seinen Nuntius und Orator
(cum potestate legati de latere) von 1473 Juli 13 Rom. Der eine davon
auch in dem Mandat von 1473 Okt. 4 Köln, siehe die folgende Anm. Einen
Brief des Papstes von Juli 10 an Herzog Karl erwähnt dieser Okt. 11,
Burgund. Briefb. Bl. 18.

[160]) Offenbrief mit Zeugen und notarieller Ausfertigung, Colonie in
conventu fratrum predicatorum, Burgund. Briefb. Bl. 8 (vgl. Bl. 1). — Vertretern der Stadt Köln insinuiert Okt. 11.

Schiedstages, zu dem er Gesandte zu schicken beabsichtige. Von Köln insbesondere verlangte Karl, dass es auf Erfordern des Legaten und jener Gesandten zu Beilegung des Streites oder wenigstens zu Verlängerung des Stillstandes und Zusammentreten des Schiedstages thätig mithelfe [161]).

Die Stadt Köln war nach wie vor schlimm daran. Denn beide Parteien lähmten ihren Handel durch mannigfache Belästigungen [162]). Sie hauptsächlich trug die Last des doppelten Bonner Zolles. Vergeblich waren immer dringendere Vorstellungen dieserhalb beim Erzbischof [163]). Und Pfalzgraf Friedrich, den die Stadt bat, in diesem Punkt auf seinen Bruder einzuwirken, erwiderte kurz, sein Bruder sei selbst ein regierender Fürst; Köln möge dessen Gegner nicht unterstützen und dem Erzbischof wieder zu seiner Zollstätte in Bonn verhelfen, dann werde die neue Erhebung in Linz aufhören [164]). Von Heinrich von Hessen aber, der inzwischen zu seinem Bruder Hermann nach Bonn gekommen war, traf an demselben Tage wie jener Bescheid Friedrichs das Gesuch ein, die Kölner Mitbesitzer des Bonner Zolles zu veranlassen, ihre Gefälle bis Weihnachten dem Landgrafen Hermann zu leihen. Dieser und er selbst wären wegen des Stiftes mit schweren Geschäften beladen und müssten jetzt beide wieder Botschaft zu Kaiser Friedrich schicken, weshalb sie Geld bedürften. Und als Köln Hermann gegenüber, der dasselbe Verlangen schon früher gestellt hatte und den Brief Heinrichs durch abermalige Sendung von Räten unterstützte, dabei blieb, dass die betreffenden Besitzer aus Besorgnis um ihr Recht sich weigerten, half Hermann sich eigenmächtig, indem er einfach die Zollkammer schliessen und dem Wartspfennig der Kölner das Nachsehen liess [165]). Monate lang verwendete Köln sich dann vergeblich für seine Rentner bei Bonn und bei dem Landgrafen. Dagegen schien allerdings dem neuen Linzer Zoll nur eine kurze Dauer beschieden zu sein, da Landgraf Heinrich, von der Kapitelpartei unterstützt, im November einen Kriegszug gegen Linz unternahm. Doch die Stadt, durch neu angelegte Verhaue geschützt,

---

[161]) Karl an Köln Okt. 14, Burgund. Briefb. Bl. 18.

[162]) Vgl. Hermann an Köln Nov. 4 Bonn, Ruprecht an Köln Nov. 13 Brühl; Stadtarch., Briefeing.

[163]) Vgl. Ruprecht an Köln Sept. 28 und Okt. 17 Brühl; daselbst.

[164]) Friedrich an Köln Okt. 30 Heidelberg, praes. Nov. 5; daselbst.

[165]) Heinrich an Köln Nov. 4 Bonn, Hermann Nov. 4, beide praes. Nov. 5, Briefeing.; Köln an Hermann Nov. 8 und 15, Briefb. 30 Bl. 71 und 74.

mit Anhängern Ruprechts stark besetzt, begann sich tapfer und mit
Erfolg zu wehren [166]).

Für Annahme und Aussichten der burgundischen Vermittlung im
Stift nach dem Antrag vom 14. Oktober kam es nun vor allem darauf
an, wie Kaiser Friedrich sich dazu stellen würde. Den Plan, die
kölnische Angelegenheit vor sich nach Trier zu ziehen, hatte er aufgegeben. Eine Zeit lang verlautete dann — Pfalzgraf Stephan, der in
Trier weilte, schrieb es den Kölnern noch am 18. Oktober [167]) — der
Kaiser wolle selbst nach Köln hinab, was er doch wohl nicht ausführen
konnte, ohne auf den Stiftsstreit einzugehen. Aber schliesslich machte
es immer mehr den Eindruck, als werde Friedrich, falls ihn das in
seinen auf die Grösse des Hauses Habsburg gerichteten Bestrebungen
fördere, im Stift Köln dem Herzog von Burgund — wenigstens vorläufig — freie Hand lassen. So schrieb er am 8. November, zwei
Tage nachdem er Karl mit Geldern und Zütphen belehnt hatte, an
Albrecht von Brandenburg, er wolle von Trier aus nur noch zur Wall-
fahrt nach Aachen, dann alsbald nach Augsburg reisen; die kölnischen
Wirren erwähnte er nicht [168]). Ganz anders jedoch gestaltete sich die
Sache wieder, als die weitere Fortführung der Trierer Verhandlungen
am Ende so unglimpflich auslief. Vergegenwärtigen wir uns, unter
welchen Umständen der Abbruch erfolgte. Am 24. November beriet
der Kaiser mit deutschen Fürsten und Botschaftern über Vertagung,
dazukommende burgundische Räte aber drangen auf einen Abschluss.
Da gab ihnen, es war um Mitternacht, der Kaiser plötzlich den Bescheid, er wolle in der Frühe fort und bitte den Herzog, ihn nicht
länger aufzuhalten; wegen wichtiger Angelegenheiten seiner Person und
des Reiches wolle er länger nicht bleiben. Er fuhr dann so eilends
von dannen, dass er den dringenden Wunsch des Herzogs, wenigstens
persönlichen Abschied zu nehmen, vereitelte [169]). Der Herzog war
schwer gekränkt. Man erinnerte ihn, dass ähnliches auch seinem Vater
Philipp zu Regensburg vom Kaiser begegnet sei. Noch an demselben
Tage brach auch Karl auf, nachdem er mit den Erzbischöfen von Mainz
und Trier ein ernstes Gespräch gehabt hatte, von dessen Inhalt die

---

[166]) Deutsche Städtechroniken 14 S. 825 (Koelhoff) und S. 926 (Kölner
Aufzeichnungen).

[167]) Siehe Kölner Mitteilungen 25 S. 347.

[168]) Fontes rerum Austriacarum 46 S. 230, vgl. S. 227 unten.

[169]) Bericht des brandenburgischen Gesandten Ludwig von Eyb Nov. 28
Koblenz, gedr. Fontes rer. Aust. 46 S. 236, vgl. Priebatsch I S. 600.

beiden wenig erbaut waren. Unter den Dingen, die die Spannung und
Trennung bewirkten, stand die pfälzische Angelegenheit mit obenan.
Sehr glaublich ist, was berichtet wird, dass der Kaiser den gehassten
Pfalzgrafen durch einen Bund mit dem Herzog habe treffen wollen,
Karl aber hierzu nicht zu haben gewesen sei. Im Gegenteil habe er
sich des Pfalzgrafen, seines alten Genossen, lebhaft angenommen, hiervon aber wieder der Kaiser nichts hören wollen. Das habe viel dazu
beigetragen, sie zu veruneinigen. Es wird erzählt, als der Kaiser für
den Grafen Vincenz von Mörs gebeten [170]), habe der Herzog erwidert:
so viel meine Bitte für meinen Bruder, den Pfalzgrafen, verfangen hat,
so viel soll euere Bitte dem von Mörs helfen. Man sah die pfalzgräf-
lichen Räte und mit ihnen auch die kölnischen stets beim Herzog in
eifriger und heimlicher Beratung. Sorge vor grossem Aufruhr erhob sich [171]).

Es geschah nach all dem offenbar im vollsten Gegensatz zu Herzog Karl, dass nun Kaiser Friedrich alsbald den Rhein hinab nach Köln
fuhr, um die Beilegung des Stiftsstreites in seine Hand zu nehmen, und
dass er wiederum, wie vor der Trierer Zusammenkunft, verhüten zu
wollen erklärte, dass eine der Parteien dem Burgunder zufalle. Seine
Absicht war dementsprechend auf wirklich unparteiische und ehrliche
Vermittelung gerichtet. Deshalb sprach er sein Missfallen aus, als ihm
in Koblenz gemeldet wurde, die Landgrafen lägen dem Erzbischof mit
Macht vor seinen Schlössern und hätten das Feldgeschrei 'ohn' Wider-
wehr' [172]). Der Belagerung von Linz, die ihn selbst nachher im Reichs-
kriege so lange aufhalten sollte, machte der Kaiser damals durch seine
Dazwischenkunft ein schnelles Ende. Landgraf Heinrich, dem soeben
gerade Verstärkungen aus Hessen zuzogen [173]), musste diese Vereitelung
seines Unternehmens noch schmerzlicher empfinden, als er erfuhr, dass er zu
gleicher Zeit auch an anderer Stelle Schaden erlitten hatte: gegen ein
hessisches Grenzaufgebot, das während der Abwesenheit des Landgrafen
in das kölnische Westfalen eingerückt war, hatten die Bürger von

---

[170]) Diesem hatte der Herzog bei Eroberung Gelderns sein Land mit
weggenommen, weil Vincenz, von den geldrischen Ständen zum Landeshaupt-
mann bestellt, sich der burgundischen Besitzergreifung widersetzt hatte, siehe
Koelhoff S. 828.

[171]) Bericht bei Chmel, Monumenta Habsburgica I 1 S. 51 f. und 53.

[172]) Bericht Eybs Nov. 28 Koblenz.

[173]) Die 'Landknechte' des Amtes Spangenberg waren Nov. 19 nach
Linz aufgebrochen, siehe Zeitschr. für hessische Gesch. IV S. 57 Anm. I.

Brilon einen Überfall ausgeführt, wobei viele erschlagen, andere gefangen fortgeführt wurden [174]).

Kaiser Friedrich stiess weiter stromabwärts auf Truppen Landgraf Hermanus und Erzbischof Ruprechts, die sich gerade an jenem Tage miteinander schlugen. Hermann sah sich veranlasst, die seinigen nach Bonn zurückzuziehen [175]). Am 30. November 1473 traf der Kaiser in Köln ein. Die Reichsstadt, der die Herabkunft ihres kaiserlichen Herrn in ihrer schwierigen Stellung einen grossen Rückhalt versprach, bewillkommnete ihn anderen Tages feierlich, unter Darbringung grosser Vorräte an Lebensmitteln, der Sitte gemäss. Auch weiterhin machte sie ihm reiche Geschenke, ebenso seinem jungen Sohne Maximilian und anderen Fürsten und Herren. Sonntag den 2. Januar 1474 gab sie ein glänzendes Fest im Gürzenich, von dem man noch lange erzählte. Die Kölner führten den Kaiser in ihr Zeughaus; hier wie im riesigen Mauerring wiesen sie ihm ihre stattlichen Wehren. Der Kaiser, dem dies alles sehr gut gefiel, zeigte sich erkenntlich durch zahlreiche günstige Briefe. Er bemühte sich in den Streitigkeiten der Stadt mit der Hanse, er verwendete sich bei Papst und Kardinälen wegen des vor der Kurie anhängigen Prozesses der Stadt mit dem Erzbischof über das Hohe Gericht. Je länger sich der Aufenthalt des Kaisers hinzog, desto besser verstand die Stadt ihn zu benutzen. Sie verdankte ihm eine ganze Reihe wichtiger Privilegien [176]).

Während der nach Augsburg anberaumte Reichstag von neuem verschoben wurde, lud der Kaiser alsbald nach seiner Ankunft in Köln die Stiftsparteien vor sich, zunächst zum Versuch gütlicher Einigung. Die Umstände schienen das Vorhaben ausserordentlich zu begünstigen: die Kurfürsten von Mainz und Trier [177]) und andere Fürsten folgten dem Kaiser nach; das Haupt der einen Partei, Landgraf Hermann, erschien persönlich in Köln, während sein Gegner wenigstens in nächster Nähe weilte; vor allem aber gewann jetzt die Anwesenheit des päpst-

---

[174]) Um Kathrinentag (Nov. 25) 1473; vgl. Brunner in der Zeitschr. Hessenland IV S. 159, oben S. 35 mit Anm. 154.

[175]) Bericht eines Augenzeugen (etwas unklar), gedr. Archiv für Frankfurts Gesch., Folge III Bd. 4 S. 199 f.

[176]) Siehe Kölner Mitteilungen 25 S. 348 ff.; Koelhoff S. 826 f.; obigen Bericht im Arch. für Frankf. Gesch. S. 200; im Köln. Stadtarch. ferner Samst.-Rentk. Ausg. Bd. 45, 1473 Dez. 1, 1474 Febr. 26.

[177]) Dieser war 1473 Dez. 4 noch in Ehrenbreitstein; Goerz, Regesten S. 238.

lichen Legaten eine grosse Bedeutung: die beiden Obersten der Christenheit, wie man Papst und Kaiser nannte, traten — der eine durch seinen Bevollmächtigten, der andere in Person — zu einem Schiedsgericht zusammen, dem an sich ein grosses Gewicht zustand. Am 6. Dezember fand das erste Verhör statt. Der Kaiser dachte die Untersuchung weiter durch Stellvertreter vollführen zu lassen, während er selbst nach Aachen gehe. Von dort zurückgekehrt wollte er sie dann mit dem Legaten zu Vertrag bringen [178]). Doch alsbald zeigte sich, dass das nicht so leicht anging. Wenn man bemerkte, dass der Legat den Erzbischof begünstige, so konnte das das Ansehen der Beschlüsse, über die er mit dem naturgemäss eher nach der anderen Seite neigenden Kaiser sich etwa einigen würde, nur erhöhen. Aber ob eine solche Einigung erreichbar sei, das war die Frage. Kapitel und Anhang erboten sich zu Waffenstillstand und rückhaltloser Annahme gütlicher Schlichtung oder rechtlichen Austrages durch den Kaiser und den Legaten. Der Erzbischof dagegen verlangte vorherige Rückgabe des ihm entwendeten Besitzes und Schadenersatz, wobei seine Räte durchblicken liessen, für den Fall, dass es nicht nach seinem Willen gehe, sei er mit Herzog Karl über gemeinsame Schritte in Einverständnis [179]). Eben die hierin liegende Gefahr war es, der der Legat durch Nachgiebigkeit zu begegnen hoffte, auf Kosten der anderen, gefügigen Partei. Der Kaiser aber konnte nach seiner ganzen Stellung diesem Verfahren nicht wohl zustimmen. So boten sich einer Verständigung der beiden Vermittler untereinander anfangs grosse Schwierigkeiten. Der völlig ablehnenden Haltung des Erzbischofs war es zu danken, dass sie gehoben wurden.

Da Ruprecht nach Köln zu kommen verweigerte, suchte man ihn in Brühl auf. Am 14. Dezember gingen der Legat Hieronymus selbst und von des Kaisers wegen Bischof Wilhelm von Eichstädt nach Brühl. Sie kehrten ohne allen Erfolg zurück. Ruprecht liess sich auf ihre Vorschläge gar nicht näher ein. Am 17. Dezember aber — vielleicht hatte Ruprecht damals schon neue günstige Nachrichten von Herzog Karl aus Diedenhofen [180]) — erschienen erzbischöfliche Räte in Köln mit einer

---

[178]) 2 Berichte aus Köln an Johann Gelthaus in Frankfurt, 1473 Dez. 5, gedr. Priebatsch I S. 601, und Dez. 6, gedr. Deutsche Zeitschr. für Geschichtswissensch. VI S. 81 f.

[179]) Bericht Ludwigs von Eyb Dez. 13 Köln, gedr. Fontes rer. Aust. 46 S. 242, vgl. Priebatsch I S. 603.

[180]) Vgl. unten über den herzoglichen Erlass von Dez. 11.

förmlichen Absage: wie das Kapitel sich einen Mombar (Vormund) gekoren, so habe auch Ruprecht gethan; wenn die beiden sich miteinander einigen, gut, so lasse er sie gewähren; sein Mombar sei der Herzog von Burgund [181]). So schroff vom Erzbischof zurückgewiesen einigten sich Kaiser und Logat noch am Abend des 17. Dezember. Sie erklärten, auf ihrer beider Forderungen habe das Kapitel mit seinem Anhang sich als gehorsam, der Erzbischof sich als ungehorsam erfunden. Deshalb werde man, wenn er sich nicht füge und seines Widerteiles rechtliches Erbieten annehme, gemeinsam weiter gegen ihn vorgehen [182]). Der Kaiser, der nunmehr am 19 Dezember seine Reise nach Aachen ins Werk setzte, hat sich, wie es scheint, für seine persönliche Mitwirkung mit dem erreichten Ergebnis vorläufig begnügen wollen. Er hatte offenbar an der Verhandlung als einer aussichtslosen die Lust verloren. Doch als er am Weihnachtsabend von Aachen zurückkam, stellte man ihm vor, er möge doch so nicht abscheiden und den Krieg hinter sich offen lassen. Es seien Wege vorhanden, die Sache beizulegen und denen, die den Frieden nicht gern sähen, ihren Willen zu brechen. So kühn es war, noch auf eine Verständigung mit dem Erzbischof zu hoffen, so dringend war zu wünschen, dass sie gelinge. Der brandenburgische Gesandte Ludwig von Eyb, dem wir die unmittelbare und lebendige Kunde dieser Dinge verdanken, teilt das allgemeine Bewusstsein der Gefahren, die nicht nur dem Kölner Stift, sondern auch anderen Ständen am Rhein entstehen mussten, wenn Ruprecht seine Schlösser und Städte in die Hand des Burgunders gab, wenn dieser mit dem Pfalzgrafen sich vereinigte, wenn er seine weitreichenden Verbindungen gegenüber dem Kaiser zu voller Geltung brachte [183]).

Der Kaiser nahm in der That die Unterhandlung wieder auf [184]). Aber Nachgiebigkeit suchte man bei Ruprecht vergebens. Unter dem Einfluss burgundischer Räte und fremder Gäste, wie Eyb sagt, stand er schroff auf seinem Willen. Unter solchen Umständen ging der Kaiser bereits darauf ein, unter der Hand mit Hermann von Hessen, dessen

---

[181]) Koelhoff S. 827. Vgl. Ausschreiben Ruprechts 1474 Aug. 16; Fugger-Birken, Spiegel der Ehren des Erzhauses Oesterreich S. 804; Müller, Reichstagstheatrum unter K. Friedrich, II S. 663.

[182]) Bericht Eybs Dez. 17 Köln, gedr. Fontes 46 S. 243, vgl. Priebatsch I S. 603.

[183]) Bericht Eybs 1474 Jan. 7 Köln, gedr. Fontes 46 S. 254, vgl. Priebatsch I S. 610.

[184]) Nach der Sitte seines Hofes fand sie meist zur Nachtzeit statt.

Aussichten immer mehr stiegen, ein Abkommen zu treffen, bei dem er selbst nicht zu kurz kam. Hermann versprach ihm zu Köln am 3. Januar 1474 für seine dem Stift geleisteten Dienste die hübsche Summe von 10000 Gulden, falls er, Hermann, das Stift erlange [185]). Eine zweite Urkunde vom gleichen Tage besagte, im Besitz des Stiftes werde Hermann dem Kaiser zum Dank für seine Förderung allzeit willfährig und gehorsam sein, ohne seine Erlaubnis das Stift nicht wieder aufgeben, ohne Ausnehmung von Kaiser und Reich keinen Schirmer annehmen und kein Bündnis eingehen, sein Leben lang unter Kaiser und Reich bleiben und sich als getreuen Kurfürsten halten [186]). Landgraf Heinrich hat sich hiermit einverstanden erklärt und für seinen Bruder gutgesagt. Dagegen versprach am 4. Januar der Kaiser, dem Stift Köln zu Gute, das durch den Zwist Ruprechts mit Kapitel und Landschaft in Schaden und Geldschuld gebracht worden sei, wolle er, wenn Ruprecht abdanke, entsetzt werde oder sterbe, der Einsetzung Hermanns durch den Papst oder seiner Wahl durch das Kapitel nicht entgegen sein, vielmehr wolle er ihn vor anderen beim Papst und anderswo mit Schrift, Botschaft und sonstwie fördern, dies jedoch auf Hermanns Kosten [187]).

Mit dem Erzbischof war gar nichts anzufangen. Als der Kaiser und der Legat ihm über etwaiges Vorgehen gegen ihn als Ungehorsamen Andeutungen machen liessen, hörte man statt einer Antwort, er sei aufgesessen und zum Herzog von Burgund davongeritten. Deshalb wurde am 6. und 7. Januar darüber beraten, wie die beiden Häupter der Christenheit, um Trennung des Stifts und Bedrängnis der Nachbarn zu verhüten, ihre Gewalt geltend machen sollten, falls durch Erzbischof und Herzog etwas Feindliches unternommen werde [188]). Dem Kaiser war nicht recht wohl bei der Sache. Er äusserte mehrfach im Rat, er werde von Geschäften erwartet, an denen für ihn mehr gelegen sei, als an den Händeln hier; deshalb könne und möge er nicht länger bleiben [189]). Aber die Sache hielt ihn doch immer länger fest. Bei ihrer Wichtigkeit für das Reich musste er wenigstens etwas zu Stande bringen. Das

---

[185]) Gedr. Chmel, Monumenta Habsburgica I 1 S. 392.

[186]) Gedr. Chmel a. a. O. S. 390.

[187]) Gedr. Arch. des Vaterl. I S. 275 mit 'fritag' statt 'eritag', Lacomblet IV S. 466 Nr. 372 mit dem richtigen Datum.

[188]) Bericht Eybs Jan. 7.

[189]) Bericht Eybs 'ut supra', gedr. Priebatsch I S. 613 mit '[Anfang Jan.]'; dass er zu Jan. 13 (Priebatsch S. 612) gehört, ist aus äusseren und inneren Gründen so gut wie sicher.

glaubte er dann geschehen [190]) durch die Bestimmungen, die er am 12. Januar im Franziskauerkloster zu Köln durch den Bischof von Eichstädt im Beisein der Kurfürsten von Mainz und Trier und verschiedener Grafen und Herren mit dem Legaten vereinbarte, als eine beiden Parteien aufzulegende Vorschrift [191]). Die hier festgesetzten Punkte waren für den Erzbischof gar nicht ungünstig. Dass er in den Besitz der Bonner Zollstätte gesetzt werden sollte, konnte ihm freilich wenig nützen, da die Einkünfte des Zolles — dessen Erhebung in Linz übrigens gar nicht erwähnt wurde — den rechtlichen Besitzern gewahrt bleiben sollten. Aber der Erzbischof sollte weiter das Schloss Poppelsdorf wiederbekommen, nur dass er die Bonner und andere von dort aus nicht belästige [192]). Auch der Kölner Hof in der Trankgasse sollte dem Erzbischof wieder eingeräumt werden. Landgraf Hermann sollte sogar seinen Hauptmannschaftstitel verlieren. Alle Fehden zwischen den Parteien sollten dann beendet, die Gefangenen auf beiden Seiten frei, alle Brandschatzungen und andere Geldversprechen hinfällig sein. Die vier Städte aber — Neuss, Bonn, Anderuach, Ahrweiler — sollten in die Hand der Legaten gestellt werden, bis zu endgültiger gütlicher oder rechtlicher Scheidung. Bis dahin sollte keiner dem anderen etwas zu Leide thun, der Legat sollte das noch durch besondere Mandate einschärfen und im Notfall den Kaiser als den Vogt der Kirche zu Hülfe rufen.

In einer Versammlung aller Stände des Stifts wurden die Punkte öffentlich verkündigt. Man forderte ihr Annahme von beiden Parteien, da sie beiden gemäss und leidlich seien. Vor allem aber, so erklärte der Erzbischof von Mainz, fordere man Frieden bis zu gütlichem oder rechtlichem Austrag. Wer darauf nicht eingehe, gegen den werde Kaiser und Legat, jeder aus seiner Macht, einschreiten und dem gehorsamen Teil Hülfe leisten, mit Heranziehung verwandter und benachbarter Reichsstände. In der That ergingen alsbald Mandate an den Herzog von Jülich-Berg und andere Fürsten, an Grafen, Herren und

---

[190]) Siehe seinen Brief an Albrecht von Brandenburg Jan. 12 Köln, gedr. Fontes 46 S. 253 mit 'Jan. 5', verz. Priebatsch I S. 611 mit dem richtigen Datum.

[191]) Köln. Stadtarch., Copia cuiusdam cedule u. s. w., Burgund. Briefb. Bl. 19; der 'tenor cedule' (Ut gwerre graves u. s. w.) auch Bl. 23v, eingereiht im Mandat des Legaten von Apr. 3.

[192]) Das Poppelsdorfer Archiv sollte unter gewissen Beschränkungen beiden Parteien benutzbar sein.

Städte; auf päpstliches, kaiserliches oder der in der Sache zu setzenden
Hauptleute Ansuchen sollten sie Beistand gegen die Ungehorsamen
leisten [193]). Kapitel und Stände erklärten zunächst, sie gäben sich in
des Kaisers Hand, doch vorbehaltlich ihrer Rechte. Was die Artikel
beträfe, so müssten sie jedenfalls ausreichende Sicherheiten erhalten, ehe
ein Verzicht oder Übergabe stattfinden könnte. Zum Schiedsversuch
bewilligten sie drei Monate, dann müsste das Recht eintreten. Was sie
von ihrem jetzigen Besitz aufgäben, müsste ihnen dann wiederwerden.
Dabei und bei dem, was ihnen zur Zeit des Waffenstillstandes genommen
wäre, müssten dann Papst und Kaiser sie handhaben [194]). Kaiser
Friedrich, den es fortdrängte, fand diese Erbietungen schon genügend,
um darauf hin am 14. Januar die Kapitelpartei in des Reiches Schutz
zu nehmen. Er versprach, ihnen von Reichs wegen den Landgrafen
Heinrich von Hessen zum Schirmer zu setzen; wenn dieser zu ihrer
Verteidigung Beistand brauchen werde, möge er die Stände anrufen, an
die die Hülfegebote ergangen seien [195]).

Die andere Frage aber war nun, wie der Erzbischof sich zu den
Artikeln stellen würde. Der Kaiser versprach sich wohl von vorn herein
bei ihm keinen Erfolg mehr. Jedenfalls wollte er seine Antwort nicht
in Köln abwarten. Er war schon im Aufbruch, da wurde ihm am
14. Januar gemeldet, anderen Tages werde Ruprecht seine Anwälte
nochmals hersenden, mit Vollmacht, auf früher vereinbarter Grundlage
eine Verständigung zu treffen. Gelinge es nicht, so werde allerdings der
Herr die Reise gen Burgund, die er sich vorgenommen habe, ausführen.
Also wurde am 16. und 17. Januar zum letzten mal verhandelt [196]).
Aber keinen Schritt näher kam man dadurch dem trotzigen Erzbischof.
Mit der anderen Partei wurde dann am 17. abends um 10 Uhr noch
ein Abschluss gemacht, dem sie am nächsten Morgen um 6 Uhr, wenn
der Kaiser zum Schiff reite, zu- oder absagen sollte. Wir hören nicht,
ob das in dieser bestimmten Weise geschehen ist. Jedenfalls fuhr der

---

[193]) Burgund. Briefb. Bl. 20 Absatz 1 (Item pronunciatum est u. s. w.);
Bericht Eybs Jan. 13 Köln, gedr. Priebatsch I S. 612.

[194]) Burgund. Briefb. Bl. 20 Absatz 2 ff. (Item in vim huius pronuntia-
cionis u. s. w.).

[195]) Urk. Friedrichs Jan. 14 Köln, gedr. Lacomblet IV S. 468 Nr. 374;
vgl. Friedrich an Heinrich Juni 29 Augsburg, Stadtarch. (verz. Kölner Mitteilungen 25 S. 355).

[196]) Jan. 15 waren die meisten kaiserlichen Privilegien für Köln ausgestellt worden (siehe Kölner Mitteilungen 25 S. 350)

Kaiser, so oder so, am 18. Januar 1474[197]) von dannen, mit dem
Bewusstsein, in Köln, wo er 7 Wochen lang gelegen, ebensowenig aus-
gerichtet zu haben wie in Trier; verdrossen, dass er von Vielen mehr
gehindert als gefördert worden sei. Auch der brandenburgische Gesandte war der Ansicht, in Köln hätten gewisse Leute das Wort geführt, die mehr ihren eigenen Vorteil als das Wohl des Kaisers und
der Parteien im Auge gebabt hätten. Von ihnen wäre die Sache
absichtlich verschleppt worden[198]).

Wieder wie in Trier riss sich Kaiser Friedrich plötzlich los.
Seine Vertrauten, den schon seit Herbst 1471 seinem Hofe folgenden
Erzbischof von Mainz, den Bischof von Eichstädt, die Grafen von Werdenberg und von Sulz, nahm er alle mit nach Oberdeutschland hinauf.
Nur der Erzbischof von Trier war von ihm beauftragt, weiter in der
Sache zu handeln[199]). Doch finden wir denselben in der nächsten Zeit
zu Hause[200]). Das einzige, was der Kaiser selbst damals noch in der
kölnischen Sache that, geschah am 30. Januar zu Aschaffenburg. Dort
war tags zuvor, vermutlich auf kaiserliche Einladung hin, Landgraf
Heinrich von Hessen, von seiner Ritterschaft begleitet, im ganzen mit
400 Pferden, eingeritten. Er wurde jetzt von Friedrich aufgefordert,
die ihm in Köln zugedachte Rolle des Schirmers von Reichs wegen im
Stift zu übernehmen. Der Landgraf war jedoch keineswegs gesonnen,
hierauf ohne weiteres einzugehen; er erbat sich Bedenkzeit, und der
Plan blieb dann bis in den Sommer liegen[201]). Als eine wirklich
dringende Angelegenheit sah der Kaiser die kölnischen Händel einstweilen kaum an; so bald schien eine ernstliche Gefahr dem Reiche
noch nicht zu drohen. Schon in Köln war am kaiserlichen Hofe auch
die beruhigende Ansicht laut geworden, vorläufig sei doch von Herzog
Karl noch nicht so viel zu fürchten. Denn sein Hauptgegner, König

---

[197]) Fontes 46 S. 257, Koelhoff S. 827 (irrtümlich aufgelöst 'Jan. 19').
[198]) Bericht Eybs Jan. 17 Köln, gedr. Fontes 46 S. 256, vgl. Priebatsch I
S. 614; Eyb an Albrecht von Bayern Jan. 17 Köln, Auszug Priebatsch I S. 615.
[199]) Siehe Kölner Mitteilungen 25 S. 351, Febr. 7 und Febr. 9; vgl.
Priebatsch I S. 621.
[200]) Febr. 5 war er in Ehrenbreitstein, Goerz S. 238.
[201]) Bericht Eybs Jan. 29 Aschaffenburg, gedr. Fontes 46 S. 259, vgl.
Priebatsch I S. 619, wo aber unrichtige Inhaltsangabe; Friedrich an Heinrich
Juni 29 Augsburg, verz. Kölner Mitteilungen 25 S. 355. — Heinrich kam
Feb. 4 'von Aschaffenburg' wieder in Marburg an. Eine Erwähnung heim-
kehrender Begleiter nennt die Namen v. Boyneburg, v. d. Malsburg, Hacke,
v. Hundelshausen, v. Eschwege, v. Greussen. Landau'sche Auszüge a. a. O.

Ludwig von Frankreich, dessen Friede mit Burgund bald ablaufe, sei jetzt im Vorteil und nicht mehr behindert durch den König von Arragon und den Herzog von Bretagne. So habe Karl sich sehr vorzusehen; er werde vielleicht nicht allzeit in dem Rufe bleiben, in dem er jetzt stehe [202]). Eine Auffassung der Sachlage, die insofern wohl begründet war, als bei einem neuen Ausbruch des burgundisch-französischen Krieges die Stellung König Ludwigs in der That bedeutend günstiger gewesen sein würde als früher [203]). Nur rechnete man zu bestimmt darauf, dass der König sich durch diesen Umstand zum Wiederaufnehmen der Waffen bewogen fühlen würde. Wir werden nachher sehen, dass es anders kam.

Herzog Karl hatte in hellem Zorn von Trier her am 26. November 1473 Diedenhofen erreicht. Dort empfing er alsbald wieder die kurkölnischen und kurpfälzischen Gesandten, ebenso wie solche von Polen, Ungarn, Venedig, Ferrara, Rom, Neapel, Bretagne, England und Dänemark [204]). Es war wahrlich nicht bedeutungslos, ob man diesen Mann zum Freund oder zum Feind hatte. Dass er der Rücksichten auf den Kaiser enthoben war, zeigte sich in der kölnischen Angelegenheit sogleich auf das empfindlichste. Sein Entschluss gab ihr jetzt die Gestalt, durch die ihre weitere Entwicklung bestimmt worden ist. Hören wir den denkwürdigen Erlass, den der Herzog am 11. Dezember, dem Tag seiner Weiterreise von Diedenhofen, hat ausfertigen und, wie man nach seinem Wortlaut annehmen muss, dem Erzbischof zu freier Entscheidung über den Zeitpunkt der Bekanntgabe hat zur Verfügung stellen lassen [205]). Erzbischof Ruprecht von Köln, so erklärt der Herzog, hat zur Beilegung des dortigen Streites mit den Domherren und ihren Anhängern die Gegner mehrfach ersucht, den von ihnen beschrittenen Weg der Gewalt zu verlassen und entweder den des Rechts vor Papst Sixtus oder den der Gütlichkeit vor Herzog Karl als benachbartem Reichsfürsten einzuschlagen; vergeblich; das Kapitel und seine Begünstiger, besonders Landgraf Hermann von Hessen, fahren unablässig fort, mit roher Gewalt das Stift zu verwüsten. Um dessen Untergang

---

[202]) Bericht Eybs Jan. 7, am Ende; Eyb an Albrecht von Bayern Jan. 17.
[203]) Siehe die Ausführungen von Witte, Zeitschr. für die Gesch. des Oberrheins N. F. VI S. 33 ff.
[204]) Lenglet II (siehe oben S. 32 Anm. 141) S. 209.
[205]) Karl an Stephan von Carin 1473 Dez. 11 Diedenhofen; Köln. Stadtarch., Burgund. Briefb. Bl. 34v; aus einer gleichzeitigen kölnischen Übersetzung ein mangelhafter Auszug Annalen 49 S. 7.

zu verhüten, hat nun der Papst den Herzog in besiegeltem Briefe aufgefordert, Beistand zu leisten, und der Erzbischof hat ihn gebeten, Vogtei, Schutz und Verteidigung zu übernehmen. Hierüber ist ein bestimmter Vertrag gemacht worden. Der Herzog gebietet desshalb in christlichem Gehorsam gegen den Papst und aus Liebe zum Erzbischof, seinem Verwandten, dass Stephan von Carin, Wappenkönig von Royers, sich auf Erfordern des Erzbischofs in dessen Lande füge und überall verkünde, Herzog Karl denke seinen Verwandten, die Kirche und das Land von Köln und alle der Kirche zugehörenden Fürstentümer und Herrschaften zu schützen und zu verteidigen; man solle deshalb von jeglicher Gewalt abstehen und die dem Erzbischof entzogenen Schlösser, Städte und Ortschaften zurückstellen. Der Beauftragte soll zum Zeichen überall, wo der Erzbischof es wünscht, des Herzogs Wappen anschlagen, damit niemand Unkenntnis vorschützen kann; er soll von allem, was er thut, dem Herzog Nachricht geben.

Dieser Erlass setzt einen Vertrag des Herzogs mit dem Erzbischof voraus, wie er sich denn auch ausdrücklich auf einen solchen beruft. Aber einmal das Verhalten des Erzbischofs während der Kölner Verhandlungen, dann seine unmittelbar anschliessende zweite Reise zu dem damals weit entfernten Herzog, endlich eine später [206]) aufgestellte Behauptung Karls, als habe er überhaupt erst bei der zweiten Begegnung auf Ruprechts Bitten dessen Schutz übernommen, lassen darauf schliessen, dass die endgültigen Bestimmungen über Stiftsvogtei und Kriegshülfe, über Verpflichtung und Entschädigung des Herzogs noch nicht getroffen waren, dass der völlige Ausbau und feste Abschluss des folgenschweren Bündnisses vielmehr erst in Dijon erfolgt ist. Hier nämlich, wo der Herzog vom 23. Januar bis zum 19. Februar 1474 verweilte, erfüllt von dem Gedanken der Erneuerung des alten Königreichs Burgund [207]), hier, wo er den Kardinal von Autun, den Erzbischof von Besançon, Gesandte von Kurpfalz, den Eidgenossen, Venedig, Rom, Arragon und Bretagne empfing, geschah es, dass Erzbischof Ruprecht in Person zum zweitenmal bei seinem mächtigen Beschützer eintraf, dem er nunmehr sich gänzlich in die Arme warf [208]). Eine urkundliche

---

[206]) 1474 Apr. 16 gegenüber dem Domkapitel, siehe unten.

[207]) Vgl. Kirk, History of Charles the Bold II S. 297.

[208]) Lenglet II S. 211 f. Vgl. Urkunde Ruprechts aus Dijon (ohne Tag), worin es heisst, er habe mit seinem lieben Oheim Herzog Karl sehr viel zu thun gehabt und werde noch täglich mehr mit jenem zu thun bekommen, ihn und sein Stift herührend; dabei habe ihm der feste Friedrich

Ausfertigung seines Bündnisses mit dem Herzog hat sich nicht erhalten; wir sind auf zwei Entwürfe angewiesen, deren genaue Entstehungszeit wir nicht kennen, und die — in einzelnen Punkten untereinander selbst verschieden — noch wesentliche Änderungen erfahren haben können, die aber doch über Ziel und Inhalt des schliesslichen Vertrages uns einigermassen belehren [209]). Der anscheinend jüngere besagt folgendes. Erzbischof Ruprecht verbündet sich gegen sein Domkapitel mit dem Herzog von Burgund, der ihm auf eigene Kosten Kriegshülfe leisten, Boppard, Andernach, Bonn, Zons, Hülchrath, Neuss, Ürdingen und andere Plätze unterwerfen und des Stiftes Schirmherr sein soll. Dafür soll Karl 200 000 Gulden erhalten; bis zu deren völligem Abtrag aus einer nach Wiedererwerbung des Stiftes aufzulegenden jährlichen Steuer, von der der Herzog jedesmal die Hälfte erheben wird, soll dieser die Schlösser und Städte Ürdingen, Brilon und Volkmarsen [210]) in Besitz halten. Zur Ausübung des Schirmes soll er lebenslänglich in allen Schlössern und Städten des Erzstifts Einlass haben; die Amtleute und Kellner sollen ihm Gehorsam schwören. Die Stadt Köln, deren natürlicher und Gewalt-Herr der Erzbischof ist, die aber seinem nächsten Vorgänger und ihm selbst Obrigkeit, Gericht und Herrlichkeit genommen, die Widersacher mit Lebensmitteln, Geld, Geschütz und anderem unterstützt und Schädigung der Anhänger Ruprechts geduldet hat, soll vom Herzog zu Unterwerfung, Schadenersatz und Huldigung gebracht werden. Hierfür soll er die Hälfte der Busse [211]) erhalten. Bestätigung des Vertrages durch Papst und Kaiser mag der Herzog auf eigene Kosten suchen.

---

von Flertzem treu gedient und solle ihm noch weiter dienen; er gewährt Friedrich ein Manngeld, wogegen dieser Ruprechts Sache am Hof von Burgund und sonst fördern soll; Köln. Stadtarch., Papier-Urk.

[209]) Düsseld. Staatsarch. Der anscheinend jüngere Entwurf gedr. Lacomblet IV S. 468 Nr. 875 mit '1474 vor März 27', was sich auf einen Brief Ruprechts an Karl vom 27. März 1474 bezieht, in dem jedoch nicht von ihrem Bündnis, sondern von erfolgter Verkündung des Diedenhofener Erlasses die Rede ist. '1474 unmittelbar vor März 27' S. 470 Anm. 1 ist jedenfalls unrichtig. In einer Reihe neuerer Bücher wird aber gar die Datierung Lacomblets sinnlos dahin entstellt, am 27. März 1474 selbst sei das Bündnis abgeschlossen worden. — Der andere Entwurf, erwähnt Lacomblet S. 470 Anm. 1, in Auszug Compte rendu der Brüsseler Commission Reihe III Bd. 12 S. 152 f. Anm. Er trägt die Aufschrift 'Conditiones, mediantibus quibus Carolus Burgundus promittit Ruperto archiepiscopo Coloniensi protectionem'; darunter 'Deus avertat omne'.

[210]) Im anderen Entwurf: Ürdingen und Andernach.

[211]) Im anderen Entwurf: den Mitbesitz der erzbischöflichen Gerechtsame.

Wenn Bestimmungen wie diese wirklich zur Ausführung gekommen wären, so hätte an vollständiger Unterwerfung des Stiftes und der Stadt Köln unter burgundische Herrschaft kaum noch etwas gefehlt. Dem Erzbischof aber wäre dabei eigentlich nicht viel mehr verblieben, als die Befriedigung seiner Rache. Augenblicklich war nun freilich Herzog Karl noch nicht in der Lage, an die Verwirklichung seiner kühnen Pläne mit den Waffen in der Hand herantreten zu können. Doch begann er alsbald durch Sendung von Vertretern den Einfluss seines mächtigen Wortes zu Gunsten Ruprechts nachdrücklich geltend zu machen und auf diplomatischem Wege weiteren Schritten vorzuarbeiten. Schon am 18. Februar, dem Tag vor seiner Rückkehr von Dijon nach der Freigrafschaft, wurden zu diesem Zweck drei seiner tüchtigsten Leute abgefertigt, der gewandte Präsident von Luxemburg Gerhard Vurry, der Ritter Bernhard von Ramstein, Rat und Cambellan und Hauptmann im Herzogtum Geldern, ein geborener Schwabe, leidenschaftlicher Parteigänger des Herzogs, und Meister Nikolaus Ruyter, Hofsekretär und Greffier des Parlaments von Mecheln [212]).

Im Stift Köln ging nach dem Aufbruch des Kaisers wieder alles den alten Gang. Gegenseitige Raubzüge hielten das Land in Atem [213]). Daneben liefen die Versuche fort, zu einer vorläufigen Verständigung zu gelangen. Wir besitzen bestimmte Erklärungen, die Kapitel und Stände offenbar nach der Abreise des Kaisers dem Legaten über die einzelnen Punkte des Vertragsentwurfes vom 12. Januar gegeben haben [214]). Im allgemeinen zustimmend, sind sie doch nicht ohne Vorbehalte. So heisst es z. B. wegen Landgraf Hermanns Titel, diesen Punkt habe man mit Stillschweigen zu übergehen verabredet. Die vier Städte sollte der Legat auf jene drei Monate, für die man sich binden wollte [215]), einbekommen, aber er sollte auch, gestützt auf die Vollmacht des Papstes, die Plätze verlangen, die der Erzbischof der Partei genommen habe. Dann war noch bestimmt, wenn Meinungsverschiedenheiten mit dem Legaten über einen einzelnen Artikel entständen, wollte man, ohne die Ausführung der andern darum zu verschieben, die Auslegung des Kaisers und derer, die mit ihm dabeigewesen, als entscheidend nachsuchen. Weiter hören

---

[212]) Karl an Köln 1474 Febr. 18 Dijon, praes. März 25; Köln. Stadtarch., Briefeing. und Burgund. Briefb. Bl. 16.

[213]) Vgl. Stadtarch., Briefb. 30 Bl. 92 ff.

[214]) Stadtarch., Burgund. Briefb. Bl. 20 Absatz 5 ff. (Item super hiis u. s. w.) bis 20v unten.

[215]) Siehe oben S. 45.

wir, dass schon in der nächsten Zeit sowohl der Legat wie das Kapitel
dem Erzbischof von Trier schriftlich über die Gebrechen berichtet haben,
die das Zustandekommen eines Vertrages nach den Bestimmungen vom
12. Januar noch verhinderten. Auch die Stadt Köln schrieb in der
Sache am 9. Februar an Erzbischof Johann und bat ihn als den kaiserlichen Beauftragten, gnädigst wieder herabzukommen und die Dinge
zu einem guten Ende zu bringen [216]). Die Stadt befleissigte sich überhaupt noch immer einer vermittelnden Haltung, zumal es ihr ja auch
mit der Kapitelpartei an Streitpunkten nicht fehlte [217]). Zugleich mit
jenem Brief ergingen Klagen der Stadt an Landgraf Hermann, den
Grafen von Sayn und den Herzog von Jülich-Berg wegen einer schweren
Unbill, die soeben (am 30. Januar) dem schon lange verhassten Weihbischof Ruprechts widerfahren war. In der Nähe von Bonn war er
angehalten, lästerlich verspottet, beschimpft, misshandelt — man stiess
ihn unter anderem zur Wiedertaufe in den Rhein — und als Gefangener
weggeführt worden [218]). Den Erzbischof reizte diese That zu neuem
Hasse; nicht minder gewiss erbitterte es ihn, dass er wegen der Gläubiger in Köln, mit denen er jahrelang bei der Kurie im Rechtsstreit gestanden hatte, jetzt (am 23. Februar) öffentlich in den Bann verkündigt
ward [219]). Der Rat von Köln aber hoffte noch, durch eine vorsichtige
Haltung auf erträglichem Fusse mit dem Erzbischof zu bleiben. Er
meinte sogar, noch um Erlass des Bonner Zolles zu Linz für die Kölner
Besucher der nächsten Frankfurter Messe bitten zu dürfen [220]). Wie
wenig ahnte die Stadt, was gegen sie und ihre Freiheit gerade so
gut wie gegen das Stift zwischen Ruprecht und Herzog Karl verein-
bart worden war.

Da erschien zuerst der dem Erzbischof zur Verfügung gestellte
Herold Stephan von Carin im Stift und verkündete öffentlich den Erlass Herzog Karls vom 11. Dezember 1473. Auf Grund desselben
gebot er in Stadt und Land Rückgabe alles dem Stift entwendeten Be-

---

[216]) Kölner Mitteilungen 25 S. 351.

[217]) Vgl. oben S. 37. Doch zahlte Köln damals die versprochenen
5400 Gulden, siehe oben S. 34 Anm. 150

[218]) Siehe Koelhoff S. 829 mit Anm.; Ausschreiben Ruprechts 1474
Aug. 16 bei Fugger-Birken S. 804 und Müller II S. 663.

[219]) Koelhoff S. 830.

[220]) Da gleich darauf die burgundische Thätigkeit im Stift begann, war
die Antwort rund ablehnend: März 13 Brühl, praes. März 14; Stadtarch.,
Briefeing.

sitzes, Unterwerfung unter den Erzbischof und Gehorsam gegen den Stiftsvogt Karl von Burgund, dessen Wappen er überall anschlug. In Köln reichte er am 11. März 1474 einer Ratsabordnung das herzogliche Mandat ein und verlangte Beistand gegen die Feinde des Erzbischofs und Herausgabe seines Kölner Hofes, auch dass der Rat ihm Leute gebe zur Beihülfe beim Anheften des herzoglichen Wappens an den erzbischöflichen Besitzungen innerhalb der Stadt [221]). Der Herold liess wissen, wie der Erzbischof seinen Vertrag mit dem Herzog besiegelt habe; auch über die Stadt solle dieser Erbvogt sein und die Ansprüche, die der Erzbischof dort habe, geltend machen [222]). Der Rat, höchlich überrascht und erschrocken, lehnte die ihm gestellten Zumutungen unter vielen entschuldigenden Worten ab, von dem erregten Volk aber wurden die Wappen, die der Herold dann in der That an verschiedenen Stellen [223]) in der Reichsstadt anschlug, nachts mit Schmutz beworfen. Drohungen, die der Herold darauf gesprächsweise — in seiner Herberge und in den Badestuben — äusserte [224]), steigerten die Entrüstung der Gemeinde, die Sorge des Rates [225]). Der Rat entsandte zwei seiner Beamten, Dr. Wolter von Bilsen und Heinrich Ysbolt von Xanten, zum kaiserlichen Hofe, die entstandene Veränderung und Beschwerung in der Sache des Stiftes vorzubringen; der Kaiser selbst, der Kurfürst von Mainz, die Grafen Sulz und Werdenberg und der Domküster Pfalzgraf Stephan wurden um Beistand ersucht und um ihre Meinung gebeten [226]). Doch zugleich machte man noch einen Versuch beim Erzbischof, mit dem öffentlich zu brechen man so sehr sich scheute. Der Rat versicherte, der Zwist zwischen Ruprecht und seinen Gegnern sei ihm, weiss Gott, immer leid gewesen und sei es noch. Dass doch, wie man gehofft, Kaiser und Legat die Sache gütlich beigelegt hätten! Man werde gern mit Hülfe des noch anwesenden Legaten unterhandeln. Der Erzbischof möge seine ebenfalls in Köln anwesenden Freunde zu einer Besprechung an den Rat weisen [227]). Ruprechts Antwort, vom 19. März,

---

[221]) Stadtarch., gleichz. Aufzeichnung Burgund. Briefb. Bl. 35 bei 1473 Dez. 11; vgl. kürzere Aufzeichnug bei der Übersetzung von 1473 Dez. 11, gedr. Annalen 49 S. 8.

[222]) Annalen 49 S. 170: Kölner Erlass von 1474 Dez. 11; S. 178: Erklärung Kölns an Jülich-Berg, siehe unten S. 54 Anm. 231.

[223]) Siehe Koelhoff S. 830.

[224]) Näheres Annalen 49 S. 178 f.

[225]) Vgl. Stadtarch., Schickungsverz. 1468 ff. Bl. 69 v, 1474 März 18.

[226]) [1474 März], Mitteilungen 25 S. 351 f.

[227]) [1474 März], Stadtarch., Briefb. 30 Bl. 106.

konnte gar nicht schroffer ausfallen: er hat sich seinen Gegnern in jeder Form zu Recht erboten, diese aber haben sich gegen ihn, ihren gesetzlichen Oberherrn, in frevelhafter Weise empört. Da hat er sich, sie zu strafen, nach Beistand umgesehen und ihn bei seinem Oheim von Burgund gefunden. Jetzt kann den Übelthätern nur noch seine Gnade frommen. Der Rat aber, schon vielfach gemahnt, mag endlich aufhören, die Empörer zu begünstigen und zu hegen, und mag diejenigen strafen, die Herzog Karls Wappen beschimpft haben [228]).

Wie der Rat an den Erzbischof, wendeten sich die Domherren an den Herzog. Sie klagten ihm, zu Köln am 19. März, dass Stephan von Carin sich viele und schwere Forderungen offenbar über seinen Auftrag hinaus erlaube; überhaupt sei zu fürchten, dass dieser Auftrag auf zu ungünstiger Auskunft über ihre Partei beruhe. Sie baten deshalb, sie zu hören und den Gesandten, die sie gern schicken wollten, Geleit zu gewähren [229]). Was hiervon zu erwarten sei, des lieferte ein trübes Bild das immer rücksichtslosere Auftreten der Parteigänger und Abgesandten des Herzogs, die dem Herold nach und nach in grosser Anzahl in das Stift folgten [230]). Der Ritter von Ramstein und der Sekretär Ruyter betonten in Köln, wo sie ihre Beglaubigung am 25. März überreichten, dass auf wiederholtes Hülfegesuch des Erzbischofs gegen seine unbotmässigen Unterthanen der Herzog schon früher Gesandte geschickt habe und gern vermittelt hätte, wenn man auf ihn gehört; das sei aber nicht geschehen. Wie jene beiden, und zwar in Gegenwart von Ruprechts Kanzler Dr. Johann von Eynatten, so forderten auch Graf Dietrich von Manderscheid und der Präsident Vurry von der Stadt geradezu Unterstützung des Erzbischofs gegen seine Feinde und Verjagung der Domherren und ihrer Zuhälter. Ramstein und Ruyter erlaubten sich selbst vor dem päpstlichen Legaten gar scharfe Reden und hochmütige Worte gegen Rat und Gemeinde von Köln. Auf Entschuldigungen wegen der Wappenangelegenheit erklärte Ramstein, Herzog Karl wisse ganz genau, wie die Sache liege und habe ihm und anderen bestimmte Befehle gegeben, denen er nachkommen müsse. Er

---

[228]) März 19 Brühl, praes. März 19; Stadtarch., Briefeing.

[229]) Bekannt aus der Antwort von Apr. 16, siehe unten.

[230]) März 21 gab Köln dem Junggrafen Dietrich von Manderscheid, Herrn Eberhard von Aremberg, Herrn Wilhelm von Egmond, Jungherrn Friedrich von Egmond und Ritter Bernhard von Ramstein als Räten und Freunden Herzog Karls Geleit bis Juni 24 für sie und die Ihrigen bis auf 50 Personen; Annalen 49 S. 156.

wolle lieber seinen Gott und Schöpfer erzürnen, als seinen Herrn und Meister, den Herzog. Die Zeit sei da, dass Stift und Stadt verderbt werden müssten bis in den Grund, wenn sie nicht den Erzbischof als Herrn und den Herzog als Erbvogt aufnähmen [231]).

Der Fortgang der Vermittlungsversuche im Stift zeigte deutlich, dass der Druck der burgundischen Sendboten seine Wirkung auf die Gegner nicht verfehlte. Auch unter den veränderten Verhältnissen beteiligte sich an der Unterhandlung der wirklich von neuem herabkommende Erzbischof Johann von Trier [232]). Hieronymus von Fossombrone berichtet [233]), dass in dessen Gegenwart die Artikel vom 12. Januar zuerst durch das Domkapitel in Kapitelstatt bedingungslos angenommen worden seien; dann durch die Grafen [234]) und Edelen, die vier Städte und die Vasallen, die einen Tag Bedenkzeit erbeten, am nächsten Tage ebenfalls, und zwar auf seine und Johanns Erklärung hin, dass der Kaiser durch obige Artikel keiner der Parteien an ihren Rechten Eintrag thun wolle. Andere Berichte dagegen handeln von einer erst nach Wiederabreise Johanns geschehenen gänzlichen Ergebung Landgraf Hermanns und seiner Partei in die Artikel [235]). In einem Brief der Kölner Bürgermeister (Luyffart von Schyderich und Peter von der Klocken) an Pfalzgraf Stephan vom 2. April [236]) heisst es, man habe noch diesen Morgen gehört, dass Landgraf Hermann, Kapitel und Städtefreunde sich einträchtig dem Legaten zur Annahme der Artikel erboten und ihn gebeten hätten, sie weiter in der Sache zu versorgen. Der habe mög-

---

[231]) Stadtarch.; Kölner Aufzeichnung bei 1474 Febr. 18, siehe oben S. 50 Anm. 212; Erklärung Kölns an Jülich-Berg, angeblich 1475, Burgund. Briefb. Bl. 54 und in besond. Abschr., nach dieser gedr. Annalen 49 S. 178 (die Stelle S. 179); Erklärung Kölns an Kleve und Jülich-Berg 1474 Aug. 23, Burgund. Briefb. Bl. 45.

[232]) Er war in Köln März 12 (Stadtarch., Briefeing.), 16 und 19 (Goerz S. 238), wieder zu Hause in Pfalzel Apr. 5 (Goerz S. 239).

[233]) In seinem Mandat von Apr. 3, Burgund. Briefb. Bl. 21.

[234]) Denn statt 'civitates' ist hier 'comites' zu lesen.

[235]) Nach einem Bericht Peters von der Klocken an Arnold Bücking, Rentmeister des Landes Kleve, von Apr. 11 erfolgte die Ergebung durch die ganze Partei vor dem Legaten nach Abscheiden Bernhards von Ramstein [und vor Apr. 3]; Stadtarch., Briefb. 30 Bl. 112v. Gleichen Bericht erstattete nach einer im Briefb. beigefügten Bemerkung der Rentmeister Heinrich Sudermann an Erzbischof Johann, offenbar in dem Brief von Apr. 12, der Annalen 49 S. 8 (mit demnach wohl unrichtiger Inhaltsangabe) erwähnt wird.

[236]) Briefb. 30 Bl. 110v, verz. Mitteilungen 25 S. 352 f.

lichsten Fleiss sowie Mandate zu ihrem Schutz gegen weitere Forderungen versprochen. Diesen Abend aber sei wieder eine Meinungsver-
schiedenheit eingetreten.

Das ist nun nicht zu verwundern, wenn man das Mandat
betrachtet, das der Legat am folgenden Tage erlassen hat [237]). An-
schliessend an die Artikel vom 12. Januar verlangt es, unter Androhung
schwerer Strafen, innerhalb 12 Tage nach Verkündigung von der
Kapitelpartei, an die es sich zuerst wendet, endgültig Einräumung des
Bonner Zolls, des Poppelsdorfer Schlosses und des Kölner Hofes in der
Trankgasse an Erzbischof Ruprecht; von Landgraf Hermann noch insbesondere Ablegung des Hauptmannschaftstitels; von den vier Städten
aber, dass sie sich in des Legaten Hand stellen, wobei sogar die Bemerkung unterläuft, wer in den vier Städten zum schuldigen Gehorsam
gegen Erzbischof Ruprecht zurückkehren wolle, solle hiermit nicht daran
gehindert sein. Dem allem gegenüber stand allerdings ausser einer
Vermahnung an den Erzbischof, Schaden und Beschwer von Poppelsdorf
her zu verhüten, ein allgemein gehaltener Befehl zur Abstellung jeglicher Feindseligkeit und Herausgabe der Gefangenen und des genommenen
Gutes. Aber war denn Gewähr vorhanden, dass die Partei des Erzbischofs hierauf eingehen würde? Der Legat drohte gegen Ungehorsam
mit dem weltlichen Arm und besonders mit dem Kaiser als dem Haupt-
schwinger des zeitlichen Schwertes. Aber der war fern, während die
erzbischöfliche Partei auf den Beistand und die Gewalt pochte, die sie
erlangt habe, und man von grossem Volk von Waffen sprach, das in
Kürze in diesen Landen sein solle, voran die Städte zu überfallen und
zu Gehorsam zu bringen [238]). Es war eigentlich ein unerfüllbares Verlangen, dass die Kapitelpartei sich selbst ihrer besten Stützen berauben
und dass die Städte auf ein höchst unsicheres Schutzversprechen bauen
sollten in einem Augenblick, in dem man allen Grund hatte, zusammen-
zuhalten und sich zur Wehr zu stellen. Es wurden deshalb 'Pro-
testationen' gegen das Mandat des Legaten vorgenommen [239]). Aber

---

[237]) Apr. 3 Köln (in conventu fratrum predicatorum), mit Zeugen und
notarieller Ausfertigung; Stadtarch., Burgund. Briefb. Bl. 21.

[238]) Brief an Stephan Apr. 2. Köln hielt es schon für nötig, in diesem
Brief den Kaiser bitten zu lassen, dass er den Herzögen von Jülich-Berg und
Kleve-Mark befehle, gegen das Stift keinen Beistand zu thun. Für die Städte
erbat Köln die Erlaubnis, in der Not das Wappen und Banner des Reichs
zu gebrauchen.

[239]) Brief an Bücking Apr. 11.

wie die Anhänger des Kapitels eingeschüchtert waren, fürchtete man Spaltungen unter ihnen.

Da fiel im rechten Augenblick das Wort des Kaisers in die Wagschale. Die öffentliche Verkündigung der burgundischen Vogtei in Stift und Stadt Köln liess keinen Zweifel, dass die dort sich entwickelnde Gefahr für das Reich, die man im Anfang des Jahres noch für ziemlich entfernt und nicht allzu bedenklich gehalten hatte, plötzlich in bedrohliche Nähe gerückt war. Mochte Herzog Karl auch im Augenblick noch anderweit beschäftigt sein, jedenfalls stand die Absicht offenkundig fest bei ihm, mit Gewalt in den rheinischen Reichsgebieten weiter um sich zu greifen. Es war also dringend geboten, dem Störenfried bei Zeiten in den Weg zu treten. Eben als Schirmvogt hatte der Herzog einst Stadt und Bistum Lüttich an sich gebracht. Jetzt erklärte ihm der Kaiser mit Ernst, er selbst sei Vogt, wie der römischen, so auch der kölnischen Kirche. Bei seinen Pflichten gegen das Reich wurde der Herzog nachdrücklich ermahnt, von seiner Einmischung abzustehen. Nach allen Seiten verkündete Kaiser Friedrich, der Anschluss des Kurfürsten Ruprecht von Köln an den Herzog von Burgund thue dem Kaisertum und dem heiligen Reiche, dem Stift und der Stadt Köln und der deutschen Nation Abbruch. An Kurfürsten, Fürsten und Städte ergingen Briefe, die zum Widerstand gegen etwaige Unternehmungen des Herzogs aufforderten, bis der Kaiser selbst in der Sache zu handeln vermöge. Einstweilen habe dieser den Herzog gewarnt und sich mit dem Papst in Verbindung gesetzt. [240]). Was das letzte betraf, so galt es, den römischen Stuhl auf Grund der veränderten Sachlage für eine neue Verständigung zu gemeinsamem Handeln in der geistlich-weltlichen Angelegenheit zu gewinnen. Der Standpunkt, den der gegenwärtig im Stift thätige Legat vertrat, bedurfte, als durch die Entwicklung der Dinge überholt, einer Veränderung.

Die Briefe des Kaisers machten im Stift grossen Eindruck. Die Partei des Kapitels sah sich zu thatkräftigem Handeln ermächtigt, ohne darum ihre bisherige Richtungslinie, 'bei ihren Obersten zu bleiben', verlassen zu müssen. Die Zeit des Schwankens war vorüber: die Partei fasste neuen Mut; sie entschloss sich zum Widerstand bis aufs

---

[240]) Friedrich an Köln 1474 April 1 Schwäbisch Hall, praes. Apr. 11, verz. Mitteilungen 25 S. 353; Klocken an Bücking Apr. 11 [Köln]; hier heisst es, dass die Briefe an Herzog Karl u. s. w. 'binnen 3 Tagen' hergekommen seien.

Äusserste [241]). Domkapitel und Landschaft beriefen einen grossen Tag nach Köln zu den Minoriten auf den 20. April. Sie luden dazu den Erzbischof von Trier, die Herzöge von Jülich-Berg und Kleve-Mark und den Landgrafen von Hessen; für das rheinische Stift sollten die Grafen von Sayn, Virneburg, Wied und Nassau-Beilstein, Mitglieder der Ritterschaft und Freunde der vier Städte, ausserdem sollten Vertreter von Ritterschaft und Städten aus den Stiftsgebieten Westfalen und Recklinghausen erscheinen. Köln ordnete eine stattliche Vertretung ab, Mitglieder des zugleich eingesetzten geheimen Kriegsausschusses, darunter beide Bürgermeister und beide Rentmeister sowie Dr. Bilsen, der von seiner Reise zum Kaiser schon wieder zurückgekehrt war [242]). Was die Stadt eben noch in dem Brief an Pfalzgraf Stephan vom Kaiser erbat, war nunmehr zum Teil bereits erfüllt. Die Mahnungen des Kaisers und die Drohungen des Herzogs wirkten jetzt zusammen, um auch in Köln lebhafte Kriegsrüstungen hervorzurufen. Die Edelbürger aus den Häusern Manderscheid, Aremberg, Reifferscheid, Limburg, Sayn, Wittgenstein, Neuenahr wurden vom Rate zu Besprechungen geladen [243]). In Verbindung mit sachverständigen Vertrauensmännern bestellte die Stadt von auswärts Fussknechte, Büchsenmeister, Hakenbüchsen, brachte grosses Schanzzeug zusammen und bereitete die Anlage neuer Bollwerke vor. An die Bürger ergingen zahlreiche Verordnungen zur Verteidigung [244]). Ihre Geldkraft in den kommenden Zeiten der Not möglichst zu erhalten, hatte die Stadt schon Ende März ihre Verkehrs- und Verzehrssteuern erhöht. Anfang Mai wurde mit der Stadtgeistlichkeit wegen einer Beihülfe verhandelt [245]).

Dem Erzbischof, der auf seinem Schloss zu Brühl sass, entging die Veränderung der Lage nicht. Am 27. März hatte er dem Herzog über die Verkündigung der burgundischen Schutzherrschaft und über einen von den herzoglichen Hauptleuten in Geldern erhaltenen Bescheid berichtet [246]). Am 14. April schrieb er besorgt wegen der noch ausgebliebenen Antwort und bat, ihm ohne Verzug zu Hülfe zu kommen.

---

[241]) Klocken an Bücking Apr. 11.

[242]) Stadtarch.; Geleitsregister 1469 ff. zu 1474 Apr. 15, gedr. Annalen 49 S. 156; Schickungsverz. 1468 ff. zu 1474 Apr. 13.

[243]) Apr. 15; Stadtarch., Entwurf auf Zettel.

[244]) Stadtarch.; Memorialbuch des Protonotars 1470 ff. Bl. 21 ff. (1474 Apr. 12, 13, 15, 26), Briefb. 30 Bl. 113 (Klocken an Heinrich von Beke, Kaufhausmeister zu Mainz, Apr. 15) u. s. w.

[245]) Memorialb. Bl. 19 (März 29) und Bl. 28v (Mai 5).

[246]) Bekannt aus der Antwort von Apr. 16, siehe unten.

Schon nach zwei Tagen erneuerte er die Bitte. Von seinen Gegnern werde täglich gewaltig gerüstet, ihn und die Seinigen anzugreifen. Auch wolle Heinrich von Hessen mit grosser Macht im Herzogtum Westfalen einfallen [247]). — Dies war in der That im Werke [248]).

Die Antworten des Herzogs, der seit Anfang April in der Stadt Luxemburg weilte, wo er dann bis in den Juni geblieben ist, lauteten nicht sehr ermutigend für den Erzbischof. Bei Empfang von Ruprechts erstem Briefe war Karl im Begriff, seinem Schützling für den Anfang 300 Lanzen zuzuschicken, und er gab bereits einem Teil seiner Artillerie den Befehl, in das Stift einzurücken, da trafen ihn böse Nachrichten vom Oberrhein. Die am 30. März zu Konstanz geschlossene 'ewige Richtung' zwischen den Eidgenossen und Herzog Sigmund von Oesterreich, auf die am 31. März und am 4. April Verteidigungsbündnisse der einen und des anderen mit der 'niederen Vereinigung' folgten, that sofort ihre Wirkung; der Herzog erfuhr, dass die Schweizer und Sigmund den Sundgau angreifen und Breisach besetzen wollten, was sie denn auch bald gethan haben. So musste Karl das Heer, das er in der Nähe des Stiftes stehen hatte, wie auch den Teil, der einstweilen nach Hause entlassen war, wieder hinaufschicken. Er hoffte freilich — wenigstens sagte er das — am Oberrhein auf einen raschen Erfolg. Bis dahin aber galt es, im Kölner Stift Zeit zu gewinnen. Da kam ihm das Schreiben zu statten, das die Domherren am 19. März an ihn gerichtet hatten. Er gab sich den Anschein, als lenke er auf ihre Vorstellungen hin ein. Allerdings, so erklärte er ihnen, habe er wegen seines alten Freundschaftsbundes mit Ruprecht von Köln und Friedrich von der Pfalz den innigen Wunsch, Ruprechts Rechte nicht anders als seine eigenen, nötigenfalls auch mit den Waffen, zu verteidigen, deshalb habe er auf die jüngst zu Dijon persönlich vorgebrachte Bitte des Erzbischofs dessen und seines Stiftes Schutz übernommen [249]). Er würde aber doch, da es sich um geistliche Dinge handele, die Sache lieber in Freund-

---

[247]) Beide Briefe bekannt aus der Antwort von Apr. 23, siehe unten.

[248]) Schon Ende Februar sammelten sich an verschiedenen Punkten im nördlichen Hessen Reiterscharen, die zu einem Rachezug gegen Brilon (siehe oben S. 39 f.) aufgeboten waren, der aber wieder wendig ward. Landau'sche Auszüge a. a. O. Am 13. März verbündete sich dann Landgraf Heinrich, zunächst gegen Brilon, mit den Grafen Walrave und Philipp von Waldeck. Varnhagen, Grundlage der waldeckisch. Gesch. I, Urkb. S. 206. (Am 16. März war Heinrich in Grebenstein, Landau'sche Auszüge).

[249]) Vgl. zu dieser Äusserung oben S. 48 mit Anm. 206.

schaft beilegen. Deshalb bewillige er auf ihren Brief hin, dass am
20. Mai in Maastricht ein neuer Tag gehalten werde, zu dem er Gesandte schicken wolle, die die Entschuldigungen der Gegner Ruprechts
hören und an ihn berichten sollten. Er fordere gleichzeitig den Erzbischof auf, den Tag zu besenden, was der wohl auch thun werde, und
weise den Präsidenten von Brabant an, dass er ihnen Geleit gebe, falls
sie den Tag annähmen. Man möge also dem Präsidenten mitteilen, ob
man dies beabsichtige. Nur bitte er, inzwischen sich aller Gewalt zu enthalten. Dem Erzbischof aber legte Herzog Karl den ganzen Sachverhalt
ausführlich dar und bemerkte, weniger habe er dem Kapitel nicht wohl
zugestehen können. Ruprecht möge deshalb den Tag beschicken, wenn
das Kapitel es thue. Für seine Person könne Ruprecht sich in Roermond oder sonst in der Nähe von Maastricht aufhalten, um bei entstehenden Schwierigkeiten leicht erreichbar zu sein. Er, der Herzog,
werde indessen ein neues Heer bilden, das dann, wenn das von oben
erwartete nicht bald genug zurückkehre, in das Stift einrücken und
nach Auflösung des Maastrichter Tages die Rebellen unterwerfen könne.
Für den Fall, dass der Tag nicht angenommen werde, habe der zu
demselben abgeordnete Ritter von Ramstein den Befehl, dem Erzbischof
beizustehen und an den Herzog zu berichten, damit er zu Hülfe kommen
könne. Alles dies schrieb Karl am 16. April [250]). Tags darauf traf
Herzog Sigmunds Herold bei ihm ein mit den Erklärungen seines Herrn,
dass er dem Herzog von Burgund seinen Dienst aufsage und die Rück-
lösung der oberrheinischen Pfandlandschaften fordere [251]). Dazu kam
dann das wiederholte Gesuch Ruprechts um eilige Hülfe. Der Herzog
antwortete am 23. April, den dem Erzbischof drohenden Feindseligkeiten
zu begegnen, habe er beschlossen, ausser den Truppen in Geldern ihm
in Kürze 500 Lanzen zu Hülfe zu schicken, die er eiligst in seinen
Landen aufzubringen befohlen habe. Da sie aber nicht so schnell
kommen könnten, wie er wohl wünsche, so möge der Erzbischof jedenfalls den Tag zu Maastricht einhalten, falls das Kapitel ihn annehme,
und seine Gebiete und Unterthanen inzwischen vor Schaden zu schützen
suchen. Nach Auflösung des Tages werde er ihm unverzüglich die
vertragsmässige Hülfe angedeihen lassen; Bernhard von Ramstein und

[250]) Karl an Ruprecht, gedr. Lacomblet IV S. 470 Nr. 376 und Compte
rendu der Brüsseler Commission Reihe III Bd. 12 S. 148; Karl an das Domkapitel, gedr. Lacomblet IV S. 470 Anm. 2.
[251]) Notarielle Urkunde für den Herold Kaspar Österreich Apr. 22
Luxemburg, gedr. Chmel, Monumenta Habsburgica I 1 S. 99.

Balduin von Lannoy seien angewiesen, ihm bis dahin soviel wie möglich beizustehen [252]).

In Stift und Stadt Köln atmete man etwas auf. Schon hiess es, dass am 28. April die Geldrischen sich bei Venlo sammeln sollten, um in das Stift einzufallen, da kam der beruhigende Brief des Herzogs an das Kapitel. Der Präsident von Luxemburg wiederholte diesem und seinen Verwandten mündlich den Antrag, mit den Freunden des Herzogs am 20. Mai in Maastricht zusammenzukommen. Die Domherren wandten sich um Rat an Hieronymus Santucci. Der verlangte zuerst näheres über ihre Auffassung und Absicht zu hören, worauf sie eine Erklärung abgaben, die wieder darauf hinauslief, sie wollten bei Papst und Kaiser bleiben. Damit gab sich denn der Legat zufrieden und sandte nun selbst seinen Auditor zu Ruprecht, von dem darauf der Bescheid einlief, dem Erzbischof sei es recht, wenn die Streitfrage noch einmal in Schieds- oder Rechtsverfahren zu Gehör komme. Er wolle, wenn die Gegen- partei den Tag zu Maastricht annehme, die Feindseligkeiten einstellen, insbesondere die Belagerung von Ahrweiler aufheben [253]).

Ahrweiler war, wie es scheint, im vorigen Jahre wieder schwankend geworden [254]). Es wird ausdrücklich erwähnt, dass die Stadt an Land- graf Heinrichs Zug gegen Linz im November 1473 sich nicht beteiligt habe [255]). Unter den im Bündnis Ruprechts und Karls als feindlich aufgezählten Städten wird sie nicht genannt [256]). Es war von Bedeutung, dass sie dann doch beim Kapitel verblieben ist. Im April 1474 liess deshalb der Erzbischof sie angreifen. Aber es ging ähnlich wie mit Linz. Die Stadt wehrte sich auf das beste, in Hoffnung auf baldigen Entsatz [257]); die Belagerer erlitten grossen Schaden [258]) und um Mitte Mai, als der Maastrichter Tag herannahte, mussten sie unverrichteter Dinge aufbrechen [259]). An anderer Stelle dagegen errang Ruprechts

---

[252]) Karl an Ruprecht, gedr. Lacomblet IV S. 472 Nr. 377 und Compte rendu III 12 S. 151.

[253]) Rentmeister Sudermann an den Erzbischof von Trier Apr. 26, Bürgermeister Klocken an den Landesrentmeister von Kleve Mai 12; Köln. Stadtarch., Briefb. 30 Bl. 117v und Bl. 118. — Eine schriftliche Erklärung Ruprechts war in Aussicht gestellt, aber bis Mai 12 noch nicht eingetroffen.

[254]) Vgl. oben S. 34 Anm. 150 (1473 Nov. 9).

[255]) Deutsche Städtechroniken 14 S. 926 (Kölner Aufzeichnungen).

[256]) Siehe oben S. 49.

[257]) Sudermann an Erzbischof Johann Apr. 26.

[258]) Klocken an Rentmeister Bücking Mai 12.

[259]) Mai 12 vermutete man in Köln (Klocken) 'dat sy yrstages werden

Feldhauptmann Eberhard von Aremberg, der sein Standquartier in dem festen, bereits damals mit Picarden Herzog Karls besetzten Linz hatte [260]), in dieser Zeit noch schnell einen Vorteil über die Gegner: als diese von ihrem Hauptwaffenplatz Bonn aus das erzbischöfliche Königswinter überfielen, wo sie plünderten und brannten, wurden sie von Eberhard an demselben Tage wieder hinausgejagt [261]).

Die allgemeine Lage blieb doch gefahrdrohend genug. Man erzählte wohl einmal, der Herzog sei selbst von Luxemburg nach dem Sundgau aufgebrochen; er habe dort so viel zu thun, dass er die unteren Lande in diesem Sommer gewiss werde in Ruhe lassen müssen [262]). Aber solche Gerüchte vergingen alsbald wieder; die Warnungen vor grosser Kriegsgefahr und gewaltsamem Überfall der Lande um Köln wiederholten sich immer von neuem, immer dringender. Alles fühlte sich in steter Sorge um Leib und Gut [263]). Deshalb wurde überall, namentlich in den Städten, mit allen Kräften weitergerüstet [264]). Nirgends eifriger als in Köln. Die mächtige Freistadt stach dem Burgunder ganz besonders in die Augen, das zeigten die Äusserungen seiner Anhänger fortwährend. Man hörte wieder von Beschwerden des Präsidenten von Luxemburg über die Stadt [265]). Mit Recht legte Köln in dieser schwierigen Zeit besonderen Wert auf die Pflege und Festigung seiner auswärtigen Beziehungen. So zu Erzbischof Johann von Trier, der sich ebenfalls Herzog Karls Missfallen zugezogen hatte und als Grenznachbar Luxemburgs in seinem Gebiet allerlei Feindseligkeiten erfuhr, trotz früherer Verträge [266]). Merkwürdig war das Verhältnis Kölns zu den Herzögen von Jülich-Berg und Kleve-Mark.

---

upbrechen'; Mai 18 erzählte man daselbst (Memorialb. des Protonot. 1470 ff. Bl 31v): 'cum schandalo recesserunt, quia assistencia addicta non fuit secuta'. Nach Koelhoff S. 830 lagen sie 3 Wochen vor der Stadt.

[260]) Dass er es gewesen, der Ahrweiler vergeblich belagert, sagt ein chronologisch ziemlich verwirrter Koblenzer Bericht, siehe Annalen 49 S. 139 unten.

[261]) Koelhoff S. 830 (Zeitangabe: während der Belagerung von Ahrweiler); wohl das Treffen (mangelunge) der 'Bonnschen' und 'Kölschen' zu Königswinter am 12. Mai, von dem Klocken in Köln schon am Abend gerüchtweise wusste (Brief an Bücking).

[262]) Köln. Stadtarch., Memorialb. Bl. 27v (Apr. 27).

[263]) Vgl. Mitteilungen 25 S. 353 f. (Mai 2, Mai 11).

[264]) Vgl. Klocken an Bücking Mai 12.

[265]) Memorialb. Bl. 27v (Apr. 27).

[266]) Siehe Brower u. Mason, Antiquitates Trevirenses II S. 363.

Die Herzöge waren selbst in misslicher Lage. Sie sahen sehr wohl, dass bei noch weiterem Umsichgreifen Karls in den niederrheinischen Gebieten sie nicht gewinnen, sondern nur verlieren konnten. Schon von dem bisherigen Verhalten Karls waren sie durchaus nicht recht befriedigt. Von der anderen Seite kamen nun die kaiserlichen Anforderungen, zum Schutz des Reiches mitzuwirken. An reichstreuer Gesinnung fehlte es diesen Grenzherzögen nicht. — Es entsprach das auch den Gefühlen ihrer Stände und Unterthanen. Der Reichsgedanke, ja wir können sagen das deutsche Nationalbewusstsein, war in diesen Gegenden durchaus lebendig, gerade der burgundische Übermut verschaffte ihm stets neue Nahrung [267]). — Doch auf sich allein angewiesen konnten die Herzöge unmöglich offen gegen Burgund auftreten. Das Gebot der Selbsterhaltung forderte, wie die Machtverhältnisse lagen, Bestehenbleiben ihres freundschaftlichen Einvernehmens mit dem gefürchteten Nachbarn. Das war es, was in Köln Misstrauen erweckte. [268]). Aber im übrigen diente es dem eigenen Vorteil der Herzöge, wenn sie mit der wichtigen Hauptstadt am unteren Rheine gut standen. Die burgundische Herrschaft konnten sie der Stadt so wenig wünschen, wie dem Stift, dessen Zwiespalt sie mit Spannung und Besorgnis verfolgten.

Herzog Johann von Kleve liess damals verlauten, er wolle persönlich, so krank er auch sei — er litt an der Gicht —, im Wagen oder im Karren den Burgunder aufsuchen und aus eigenem Antrieb eintreten für die Stadt und für seine Nachbarn im Stift Köln. Die Stadt solle getrost sein. Doch solle sie auf alle Fälle gute Wacht halten und gewissen Briefen nicht trauen. Ihm selbst sei nach so vielen Hülfeleistungen keine Treue gehalten worden. Aber man müsse die Rüstungen möglichst heimlich betreiben [269]). Die Herzöge von Berg, Gerhard und sein Sohn Wilhelm, hatten ihre Räte wiederholt in Köln zu heimlicher Besprechung. Vertreter der Stadt am bergischen Hofe zu empfangen, vermied man lieber. Aber die Stadt erhielt die beruhigendsten Erklärungen. Lebendig wird uns geschildert, wie die Herzöge Kölns Anfrage aufnahmen, wes bei etwaigem Überfall ein Teil zum andern sich getrösten solle. Wir gedenken daran, sagte der alte Fürst, dass unsere Freunde von Köln unseren Vorfahren und uns viel Gunst erwiesen haben;

---

[267]) Schon vor dem Trierer Tage hören wir von einem Diener des Herzogs von Berg, der seines Herrn halber auch burgundisch sei, aber im Herzen nit; Janssen, Frankfurts Reichskorresp. II 1 S. 302 (1473 Sept. 18).

[268]) Siehe oben S. 55 Anm. 238.

[269]) Kölner Memorialb. Bl. 26v (Apr. 25).

wir wollen sie nimmer verlassen, sondern mit aller Macht ihnen wiederum beistehen. Zu seinem Sohne gewendet fügte er bei: sieh Wilhelm, dass du des nicht vergessest. So sagte auch der junge Herr, ihm sei Kölns Gunst wohl bekannt; er wolle ihrer gedenken und sie nimmermehr vergessen. Vernehme er, dass der Herzog von Burgund etwas gegen Köln plane, so wolle er aufsitzen und ihm unter die Augen reiten, für die Stadt bitten und Recht für sie bieten. Werde er dann nicht gehört, so wolle er die Stadt nicht verlassen, sondern ihr mit Leib, Landen und Leuten beistehen. Denn er wisse wohl, wenn die Stadt Köln unterdrückt würde, dass er und seine beiden Lande das entgelten müssten. Er bat seinen Vater, ihm zu erlauben, dass er im Fall der Not persönlich der Stadt zu Hülfe reite. Der alte Herr erwiderte: ich will selbst mitreiten. Man erwähnte noch, wiewohl beide Herren mit dem Herzog von Burgund in Bündnis ständen, so sei doch die Stadt Köln darin ausgenommen, was ja in der That der Fall war [270]). Über diese Erklärungen berichtete der bergische Hofmeister Berthold von Plettenberg in Gegenwart seiner Mitgesandten den Kölnern am 6. Mai in Sudermanns Hause. In grosser Sitzung des erweiterten Stadtrates [271]) wurden sie am 18. Mai unter dem Siegel der Verschwiegenheit mitgeteilt. Der andere der beiden Haupträte von Berg, Marschall Ritter Bertram von Nesselrode, an den man sich um Erlaubnis gewendet hatte, das der Stadt gegenüber liegende bergische Deutz besetzen und verbollwerken zu dürfen, gab für sich und seinen Bruder Johann, den Landdrost von Berg, an Sudermann und Clocken das Versprechen ab, man werde von bergischer Seite nichts ernstliches dagegen thun, wenn Köln in der Not den Ort befestige [272]). Dies ist nicht viel später wirklich geschehen. An dem guten Willen der Herzöge war nicht zu zweifeln. Wenn sie ihren übrigen Versicherungen nachher so wenig entsprochen haben, so geschah es notgedrungen, der burgundischen Übermacht preisgegeben von Kaiser und Reich.

Der Kaiser hatte selbst eingestanden, dass er bei etwaigen Feindseligkeiten Herzog Karls gegen das Stift sofort persönlich einzugreifen zur Zeit nicht in der Lage sei. Aber er hat sich alsbald in verschie-

---

[270]) Siehe oben S. 28 mit Anm. 118. Der Landschreiber Christian ten Putte sollte die betreffende Klausel aus dem Düsseldorfer Archiv mitteilen.

[271]) In consulatu coram amicis et deputatis ab omnibus consulibus et 44.

[272]) Stadtarch. Unmittelbare Aufzeichnung des Protonotars Reiner von Dalen Memorialb. Bl. 30 f. (Mai 6 u. s. w.). Daraus die Erklärung der beiden Herzöge stilistisch überarbeitet Ratsprotokolle Bd. III Bl. 27v.

denen Richtungen nach Beistand umgesehen. In Rom suchte er diplomatische Unterstützung, und wir werden sehen, dass es ihm in der That gelungen ist, die Kurie für eine dem Reiche günstige Auffassung und erwünschte Massregeln zu gewinnen [273]). Kriegerische Machtmittel, deren man vor allem bedurfte, erhoffte man in erster Linie von der Hülfe König Ludwigs von Frankreich, auf dessen Gegnerschaft gegen Burgund man schon zu Anfang des Jahres in Köln vertraut hatte. Von Augsburg aus [274]), wo Kaiser Friedrich am 5. April endlich zum Reichstag eintraf, sandte er den Domküster Pfalzprafen Stephan, der dem kaiserlichen Hofe von Trier nach Köln und jetzt wieder nach Oberdeutschland gefolgt war, als seinen Gesandten an König Ludwig ab. Anfang Mai war Stephan am königlichen Hoflager in Senlis [275]).

Doch die Aussichten zeigten sich hier schlecht. Burgundische Gesandte waren zu gleicher Zeit anwesend, mit denen Ludwig schon darüber verhandelte, den burgundisch-französischen Waffenstillstand, der vom 1. April, wo er ablief, zunächst nur bis zum 15. Mai erstreckt worden war [276]), über einen grösseren Zeitraum auszudehnen [277]). Einige seiner Diener hatten allerdings dagegen gesprochen und die ungünstige Lage des Herzogs mit den Waffen Frankreichs auszunutzen geraten; andere aber, klarer blickende, wie Philipp von Comines sagt [278]), der hier wohl von sich selbst spricht [279]), waren für den der Natur des Königs mehr entsprechenden Plan, dem Herzog völlig freie Hand gegen Deutschland zu lassen. Wie man Karl kenne als unfähig, sich von einer begonnenen Unternehmung loszureissen, werde er auch in diesem Falle sich immer mehr festbeissen; an der Grösse Deutschlands, an der Macht, die dem Reiche trotz der Schwäche seines Oberhauptes innewohne, werde

---

[273]) Erlasse des Papstes von Juni 7, siehe unten.

[274]) Das sagt ausdrücklich Fugger-Birken S. 812.

[275]) In einem Schreiben an Bern Mai 2 erwähnt Ludwig die Ankunft des Pfalzgrafen: Witte in der Oberrhein. Zeitschr. N. F. VI S. 36 und S. 40 Anm. 2. Die weitere Angabe Witte's, als eigentlicher Vertrauensmann des Kaisers sei Georg Hessler mitgekommen, scheint nach dem Brief Ludwigs von Mai 11, von dem gleich die Rede sein wird, auf Verwechslung mit späteren Gesandtschaften zu beruhen. Vgl. Philipp von Comines bei Petitot, Collection des mémoires de France X S. 109 und 116.

[276]) März 1 Senlis, Comines-Godefroy-Lenglet III (Preuves de Comines) S. 302 und 306; Vollziehung Karls März 22 Vesoul, Lenglet III S. 311.

[277]) Vgl. Witte S. 40 (Ludwig an Bern Mai 2); Jean de Troyes bei Petitot XIII S. 445.

[278]) Bei Petitot X S. 98 f.

[279]) Siehe Witte S. 36 f.

er dann sich aufreiben. Der König könne während dessen ruhig seines Vertrages geniessen; er könne dem Herzog wohl sogar eine kleine Hülfe gewähren, um jeden Verdacht des Vertragbruches zu verhindern. Ludwig hat in der That sich diesen Plan zu eigen gemacht. Nach längeren Verhandlungen ist der inzwischen noch ein paarmal über kurze Fristen erstreckte Waffenstillstand mit Burgund am 13. Juni 1474 zu Croix-Saint-Ouen bei Compiègne bis auf den 1. Mai des folgenden Jahres verlängert worden [280]). Unter solchen Umständen war es dem Pfalzgrafen Stephan nicht möglich, etwas auszurichten. Wir besitzen das ihm zur Rückkehr mitgegebene Schreiben König Ludwigs an Kaiser Friedrich, das schon am 11. Mai zu Senlis ausgestellt worden ist [281]). Stephan, sagt der König, habe des Kaisers Brief überbracht und über die Sache, wegen der früher französische Gesandte beim Kaiser gewesen seien [282]), wie über anderes Vortrag gehalten. Stephan bringe nun entsprechende Antwort zurück, wie der Kaiser von ihm erfahren werde. Der König erklärt, gern gehört zu haben, dass der Pfalzgraf mit ihnen beiden verwandt sei, er lobt dessen Treue und Klugheit. Wegen völliger Erledigung der Angelegenheit will er zu einem Tage in Konstanz auf den 20. oder 25. Juni womöglich selbst erscheinen oder aber Gesandte mit Vollmacht dorthinschicken.

Anfang Juni war Stephan wieder in Augsburg [283]). Der zweifel-

---

[280]) Lenglet III S. 315. Vgl. Jean de Troyes bei Petitot XIII S. 447, wo aber richtiges mit falschem gemischt ist. — Über jenen Zeitpunkt hinaus wollte Karl sich nicht binden, weil er bis dahin mit den andern Gegnern fertig zu sein hoffte und schon jetzt über einen im Sommer 1475 zu unternehmenden Feldzug gegen Frankreich mit England verhandelte: Apr. 22 verliessen ihn englische Gesandte, Lenglet II S. 212; Juli 25 kam der Vertrag zum Abschluss, siehe unten.

[281]) Gedr. Chmel, Mon. Habsb. I 1 S. 297. Dort und ebenso weiter (siehe z. B. Rausch, Die burgund. Heirath Maximilians S. 221) zu 1474 gesetzt. Dass das unrichtig ist, zeigt (abgesehen vom Inhalt) schon das Fehlen des Titels 'confederatus' in der Anrede; vgl. auch die Unterschrift 'Aurillot', nicht 'Isome', wie z. B. 1475 Apr. 30, Mai 22, Juni 11 bei Chmel.

[282]) Von dieser Gesandtschaft ist nichts näheres bekannt. Eine Vollmacht Ludwigs von 1475 März 13 für Johann Tiercelein Herrn von Brosse und Johann von Paris, gedr. Lenglet III S. 371, ist bisher in Verkennung des Inhalts und der Osterrechnung irrtümlich zu 1474 gesetzt worden (siehe z. B. Rausch S. 219).

[283]) Dass er 'kürzlich' herkommen, meldeten die dortigen Vertreter Frankfurts Juni 10 nach Hause; er solle beim König von Frankreich gewesen sein; Janssen II 1 S. 339.

hafte Bescheid, den er mitbrachte, erwies sich dem gleich darauf ab-
geschlossenen grossen französisch-burgundischen Stillstand gegenüber als
völlig wertlos. Und, was sich freilich erst später herausstellte, mit
anderen Bündnisplänen gelang es dem Kaiser ebensowenig. Er rechnete
damals nicht nur auf Christian von Dänemark, den er im Februar des
Jahres mit den Reichsgebieten Holstein, Stormarn und Ditmarschen belehnt hatte, sondern auch auf dessen Schwiegersohn Jakob von Schottland. Im April hatte er den zur Zeit in Italien weilenden Dänenkönig
eingeladen zu einer Zusammenkunft, die zwischen Friedrich, Christian
und Ludwig von Frankreich gemeinsam stattfinden solle, nach Strassburg auf den 28. Mai, was er doch bald widerrufen musste [284]). Einer
anschliessenden Einladung nach Augsburg entsprach Christian und wusste
sich dort weitere Vergünstigungen von Kaiser Friedrich zu verschaffen;
gegen die Ditmarschen, die sich der Unterwerfung unter Dänemark
weigerten, wurde er durch zahlreiche kaiserliche Hülfegebotbriefe unterstützt [285]). Am 1. Juli ist dann ein allgemeiner Freundschaftsvertrag
zwischen dem Kaiser und dem König zu Augsburg aufgerichtet worden [286]).
Trotzdem ist der Däne nachher ebensogut wie der Franzose seine eigenen
Wege gegangen. Was aber die Kräfte des heiligen Reiches selbst betraf,
so waren sie an sich schwer auf die Beine zu bringen, und ausserdem
hielten Verwicklungen im Osten die Aufmerksamkeit des Kaisers und
der Stände zu sehr gefesselt. Nicht wenig hat diese Ablenkung des
politischen Blickes zur Verzögerung des Reichskrieges gegen Burgund
beigetragen [287]). Auch wurden neue Schwierigkeiten geschaffen durch
die am 27. Mai zu Augsburg ausgesprochene Ächtung Friedrichs von
der Pfalz. Unter solchen Verhältnissen war von Kaiser und Reich so
bald noch keine Hülfe für die bedrängten Rheinlande zu erwarten. Noch
lange blieb man dort lediglich auf sich selbst angewiesen.

Es braucht kaum erwähnt zu werden, dass die am 14. Mai vom
Augsburger Reichstag beschlossene Verlängerung des Landfriedens von

---

[284]) Christian besass die Einladung am 4. Mai in Florenz, die Absage
(mit Einladung nach Augsburg) am 12. Mai in Mantua; Priebatsch I S. 661 f.
Wichtig für die Bündnispläne des Kaisers ist die etwas spätere Aufzeichnung
Archiv für Kunde österreich. Geschichtsquellen VII S. 97 ('keyserisch zedel').

[285]) Juni (20) 22, 23. Siehe Hanserecesse 1431—1476 VII S. 432 § 16
mit Anm, Priebatsch I S. 669 (Nr. 860).

[286]) Gedr. Michelsen, Urkb. zur Gesch. des Landes Ditmarschen S. 70.

[287]) Der Fontes 46 S. 267 verzeichnete Brief Albrechts von Brandenburg 'donerst. vor Georgi anno 74' muss nach dem Inhalt zu 1475 Apr. 20
gehören.

Regensburg auf die Zustände im Stift Köln keinen Einfluss ausübte.
Der Maastrichter Tag vom 20. Mai aber hatte keinen anderen Erfolg,
als eben den von der burgundischen Partei gewollten: ihr Zeit zu weiteren Rüstungen zu verschaffen. Wer etwa Friedenshoffnungen auf ihn
gesetzt hatte, musste erfahren, dass sie trügerisch gewesen waren. Man
sah nichts anderes vor sich, als den Krieg. Ruprecht und seine Leute
traten immer gewaltthätiger auf. Das Land erfüllte sich von neuem
mit Mord, Brand und Plünderung. In Köln brachen die Warnungen
nicht ab. Man hörte, Herzog Karl sei sehr aufgebracht gegen die
Stadt wegen ihrer Parteinahme für die Gegner seines Schutzbefohlenen.
Der Sekretär Ruyter hatte das geäussert und geraten, sich durch ein
Geschenk von 100000 Goldlöwen wieder in Gunst zu setzen. Sein
Herr gebe bestimmt nicht nach dem Sundgau. Schon in wenigen Tagen
werde er gegen das Stift anrücken und ihm seinen Willen auferlegen.
Nach Köln werde er nicht mit Gewalt kommen; er wisse ein anderes
Mittel, die Stadt zu zwingen [288]). Dann hiess es, der Ritter von Ram-
stein habe in Nimwegen öffentlich gesagt, er wolle binnen Jahresfrist
ein Hauptmann zu Köln sein so gewaltig, wie heute zu Nimwegen, oder
er wolle seine Hauptmannschaft auch in Geldern verlieren. Über die
Reden, die er seinerzeit in Köln geführt habe [289]), brauche man ihm
nicht zu zürnen: ehe ein Jahr vergehe, werde er hinkommen auf den
Altermarkt und mit der Stadt noch ganz andere Worte sprechen, als sie
bisher gehört habe [290]). Welcher Gewaltsamkeiten man sich von Karl
versehen konnte, das zeigte neuerdings wieder sein Verfahren gegen den
Grafen Heinrich von Württemberg, den er, um die Öffnung von Mömpelgard zu erzwingen, im April bei Diedenhofen unversehens hatte überfallen lassen und seitdem in harter Gefangenschaft hielt [291]). Und wie
wenig nützten in den Grenzlanden des Reichs solche Einsprüche, wie
sie Kaiser Friedrich damals für das Reichslehen Mömpelgard an Herzog
Karl und das Parlament der burgundischen Freigrafschaft richtete [292]).

Mit den Stiftsstädten fanden wiederholt Beratungen in Köln statt [293]).

---

[288]) Stadtarch., Memorialb. Bl. 32v (Mai 26), die Stelle gedr. (fehler-
haft) Annalen 49 S. 162.

[289]) Siehe oben S. 53 f.

[290]) Memorialb. Bl. 33 (Juni 1).

[291]) Siehe Witte a. a. O. S. 24 ff.; vgl. Priebatsch I S. 663.

[292]) Siehe v. Rodt, Feldzüge Karl des Kühnen I S. 233.

[293]) Vgl. Memorialb. Bl. 31v (Mai 18). Juni 6 gab Köln Freunden der
vier Städte Geleit, siehe Annalen 49 S. 156.

Am gefährdetsten war seiner Lage nach — da es den Rhein nach des
Herzogs Landen hin sperrte — wie auch allen Gerüchten zufolge das
dem Erzbischof so besonders verhasste Neuss. Hier kam es schon im
Juni zu einem Vorspiel der späteren berühmten Verteidigung. Der Be-
sitzstand der Parteien war damals dort so, dass die Stadt im Süden
Schutz und Verbindung nach Köln hin besass durch die Schlösser, Städte
und Ämter Zons — das längst wieder in den Besitz des Kapitels gekommen war — und Hülchrath, dagegen sonst die Feinde in bedroh-
licher Nähe vor sich sah, in Schloss Erprath, dem pfälzischen Kaiserswerth sowie in Linn und Kempen. Zu Linn sass der Ritter Martin
Reuschener, dessen wir oben gedachten. Der hatte bisher schon durch
häufige Streifzüge Neuss belästigt; jetzt ging er, vielleicht bereits auf
burgundische Hülfe hoffend, dazu über, mit mehreren Parteigenossen von
der Ritterschaft und einem starken Bauernaufgebot aus den Ämtern
Kempen und Linn bis auf eine halbe Meile vor die Stadt heranzurücken
und ihr dort Eingang und Ausgang zu sperren. Doch die Neusser,
künftiger Belagerung gewärtig und deshalb schon mit Söldnern verstärkt,
zeigten gleich hier, wessen man sich·von ihnen zu versehen habe. Eine
wohlgerüstete Schar schlich sich am 22. Juni abends spät aus der Stadt
und überfiel im Morgengrauen das feindliche Lager. Mit glänzendem
Erfolg: der grösste Teil der überraschten Feinde mitsamt ihren Führern
wurde gefangen genommen und mit allem, was sie bei sich hatten, im
Triumph zur Stadt geführt. Reuschener selbst und Ritter Friedrich von
Huls erlagen bald ihren Wunden, Ritter Dietrich von Horst und mehrere
seiner Genossen blieben im Gewahrsam der Stadt [294]).

Während hier die Grenzwacht treu gehalten wurde, befestigte sich
die Stellung der Kapitelpartei auch in Westfalen. Von grossem Einfluss war dort wieder das Verhältnis zu Hessen. Die beiden westfälischen
Städte, die in den Unterhandlungen zwischen Bischof Ruprecht und
Herzog Karl für eine Übergabe fester Plätze des Stifts in burgundischen
Besitz in Betracht gezogen worden waren [295]), Brilon und Volkmarsen,
lebten in besonderer Feindschaft mit Landgraf Heinrich. Nun hatte
dieser die Grenzstadt Volkmarsen Ende Mai durch einen wohlvorberei-
teten, ergiebigen Beutezug, zu dessen Ausführung es nur eines einzigen
Tages bedurfte, heimsuchen lassen [296]). Dagegen war die schon längst

---

[294]) Magnum chronicon S. 410 f.
[295]) Siehe oben S. 49.
[296]) Eine reisige Schar unter dem Grafen Heinrich von Schwarzburg
rannte von Wolfhagen aus am 28. Mai vor die Stadt und nahm ihr an 2000

geplante Kriegsfahrt gegen Brilon, wo es den Überfall der Hessen vom November vorigen Jahres zu rächen galt, bisher noch nicht zur Ausführung gelangt [297]. Aber sie stand jetzt drohend bevor, bei Gelegenheit eines grossen kriegerischen Unternehmens gegen Erzbischof Ruprecht und seine Anhänger, zu dem Landgraf Heinrich, der die Angelegenheit seines Bruders stets im Auge behielt [298], damals sich anschickte. Er bot nicht nur Grafen und Ritterschaft, Städte und Landbezirke der Landgrafschaft zu gemeiner Heerfahrt auf, sondern ging auch auswärtige Fürsten und Herren, vor allem die erbverbrüderten Häuser Sachsen und Brandenburg um Hülfe an. Am 13. Juni wusste man in Nürnberg, dass Kurfürst Albrecht von Brandenburg und Herzog Wilhelm von Sachsen den Bischof von Bamberg um einen reisigen Zug gebeten hatten, der ihnen zugesagt worden war und am 19. Juni in Sammlung kommen sollte, um für Landgraf Hermann zu Dienst geschickt zu werden [299]. Am 14. Juni wurde aus Augsburg gemeldet, Kurfürst Albrecht (damals dort anwesend) werde dem Landgrafen Heinrich 400 Pferde zusenden; der Bischof von Eichstädt habe ihm 30 dazu geliehen [300]. Die Sorge vor diesem in Aussicht stehenden grossen Feldzug Heinrichs scheint nun die Veranlassung gewesen zu sein, dass die westfälischen Stände mit der rheinischen Kapitelpartei in Verhandlungen eintraten, und Heinrich scheint erklärt zu haben, seinem Bruder sowie Kapitel und Ständen des Stifts Köln zu Gefallen eine freiwillige Unterwerfung der Stadt Brilon gegen Schadenersatz und Busse annehmen zu wollen. Am 10. Juni wurde 'im Beisein des Kapitels, der Grafen, der Ritterschaft und etlicher der Landschaft des Stifts Köln Freunde [301]) und der geschickten Freunde aus Westfalen' durch Graf Eberhard von Wittgenstein und Ritter Goswin

---

Schafe und 180 Kühe weg: Casseler Chronik (Congeries), Zeitschr. für hess. Gesch. VII S. 344; zahlreiche Rechnungsvermerke in den Landau'schen Auszügen der Casseler Landesbibl. a. a. O.

[297]) Vgl. oben S. 58 Anm. 248.

[298]) Sächsische Gesandte auf dem Augsburger Reichstag wollten wissen, Heinrichs Räte seien in Arbeit, in das Haus Hessen eine der noch ganz jungen Töchter des Herzogs von Mailand (geboren 1472 und 1473) zu verloben; mit der Hoffnung auf 100000 Gulden Mitgift verbinde sich die, dass dieser Handel dem Landgrafen Hermann zum Stift Köln wohl dienlich sein solle; Müller, Reichstagstheatrum II S. 643.

[299]) Priebatsch I S. 667 (Nr. 856).

[300]) Janssen II 1 S. 339 (Nr. 481).

[301]) Ich muss hier die undeutliche Wortstellung aus der Urkunde beibehalten, weil diese keine Ortsangabe hat.

Ketteler [302]) als Wortführer der Rheinländer und der Westfalen eine
doppelte Abrede getroffen. Wegen Brilons wurde ausgemacht, dass die
Stadt dem Landgrafen die Seinigen, die sie ohne Fehde niedergeworfeu,
gefangen genommen und zum Teil geschatzt habe, alle unverzüglich an
Leib und Gut los und ledig geben, dann zu Marburg am 22. Juni
durch 24 Vertreter [303]) um Gnade bitten und endlich 4000 Gulden Busse
zahlen solle. Heinrich werde unter diesen Bedingungen die erbetene
Gnade gewähren. Weiter wurde aber nun zu gleicher Zeit verabredet:
Ritterschaft, Städte und Landschaft zu Westfalen sollen bei Landgraf
Hermann und dem Kapitel bleiben nach Laut der Landeseinung vom
Jahre 1463; Hermann und Kapitel sollen alsbald ihre Freunde senden,
um Städte und Landschaft einzunehmen; diese sollen die Freunde ein-
lassen und ihnen Gehorsam schwören; die Sendung soll geschehen, ehe
Landgraf Heinrich mit der Heereskraft auszieht, am 17. Juni sollen die
Geschickten bereit sein [304]). Dem zweiten Teil dieser Abmachungen
entsprechend sind dann der Domherr Johann von Sombreff, der Priester-
Kanonich Israel Loirwert, der Graf Eberhard von Wittgenstein, der
Ritter Gerlach von Breitbach und je zwei Ratsfreunde der Städte Bonn
und Neus [305]) als Bevollmächtigte des Domkapitels und der rheinischen
Landschaft in Westfalen erschienen. Auf ihre Klage, dass Erzbischof
Ruprecht die von ihm gelobten Landesverträge mit Kapitel und beiden
Landschaften andauernd gröblich überfahre, haben sie am 24. Juni 1474
von den dortigen Ständen das Gelöbnis empfangen, fortan dem Domkapitel nach Laut ihrer Landeseinung gehorsam sein zu wollen [306]).
Zugleich ist man dem Landgrafen noch weiter entgegengekommen. Um
der Bedrängnis zu widerstehen, die ihnen von Erzbischof Ruprecht und
den Seinigen gegen den Vertrag vom 12. Januar des Jahres begegne und
noch bevorstehe, übertrugen Landgraf Hermann, Domkapitel und Stände
des Erzstifts Köln dem durch Kaiser Friedrich ihnen gesetzten Beschirmer
Heinrich von Hessen für geleistete und künftige Hülfe das Einlösungs-

---

[302]) 'Kesseler'; vgl. oben S. 35 Anm. 154.

[303]) 12 vom Rat, 12 von der Gemeinde und den Genannten.

[304]) 'Dieser Abrede sind 2 ausgeschnittene Zettel gemacht und jeglicher
Partei einer gegeben'. Der obere Zettel im Marb. Staatsarch., Bez. z. Köln.

[305]) Von Bonn Gerhard Rode (Bürgermeister) und Heinrich zum Wolf,
von Neuss Johann Vell von Wevelkoven (Bürgermeister) und Dietrich von
Donghvarden.

[306]) Urkunde der Gesandten, gedr. Seibertz, Urkb von Westfalen III
S. 144 Nr. 977.

recht der vom Stift an zwei eingesesseue Edelleute verpfändeten westfälischen Grenzämter Kogelberg-Volkmarsen, Medebach, Winterberg,
Hallenberg und Schmallenberg [307]). Freilich hat, wie es scheint, der
Landgraf die Pfandsumme nicht aufbringen können; die Pfandherren
blieben im Besitz [308]).

Von den Abmachungen des 10. Juni war nun aber der erste
Teil noch unerfüllt. Der festgesetzte Tag ging vorüber, ohne dass die
Briloner sich in Marburg einstellten. So schien es doch zu Gewalt
gegen sie kommen zu müssen: der Landgraf gab den jetzt aller Orten
aufbrechenden Heerscharen [309]) die Richtung nach Westfalen. Er selbst
erhob sich am 27. Juni mit stattlichem reisigen Gezeug, Städtern und
Landvolk seines oberhessischen Gebietes von Marburg [310]), zunächst nach
Frankenberg. In der Nähe dieser seiner Stadt, bei dem Dorfe Schreufa,
bezog er ein Lager, in dem er nach und nach das ganze Heer vereinigte. Ein zeitgenössischer Chronist [311]), auf den wir hier hauptsäch-

[307]) 1474 Juni 24, gedr. Lacomblet IV S. 473 Nr. 378; Or. Marb.
Staatsarch., Bez. z. Köln.

[308]) Überweisungsbriefe des Kapitels für die einzelnen Ämter wie für
die beiden Besitzer (Rave von Kanstein und Johann Schenck d. Ä.) im Ori-
ginal im Marb. Staatsarch. a. a. O. Vgl. Heldmann in der [Westfäl.] Zeitschr.
für vaterl. Gesch. 48 II S. 17 ff.

[309]) Ende Juni waren Lehensleute Albrechts von Brandenburg (Voigt-
länder, Gebirgische und Franken), 'zu Hülfe für die von Hessen' aufgeboten,
in grosser Anzahl in Bewegung, siehe Priebatsch I S. 669 ff. (genaue Einzel-
angaben). Juni 26 lagen zu Mörshausen bei Spangenberg 'der Hauptmann
von Gotha' und Mitglieder der hessischen Ritterschaft: v. Boyneburg, v. Kreuz-
burg, v. Urff, Keudel, v. Huna, Treusch, v. Reckrod (je 3 bzw. 5 Pferde).
Juni 26 und 27 lagen ebendort 'Trabanten und Böhmen' (230 reisige Pferde)
im Lager. Juni 26 zogen die Allendorfer Söldner, Juni 27 die Spangenberger
aus; Juni 29 eine Schar, die sich unter dem Weidelberg bei Wolfhagen ge-
sammelt hatte (Fussknechte Wolfhagens waren gegen Ende Juni 1475 genau
12 Monate im Dienst, Hess. Zeitschr. VI S. 14 Anm.). Landau'sche Auszüge
a. a. O., z. T. gedr. Hess. Zeitschr. VI S. 58 Anm. IV.

[310]) 'Aufzeichnung der Kosten, die Landgraf Heinrich auf das Stift
Köln gewandt von 1474 Juni 27 an', Auszug Hess. Zeitschr. I S. 331 ff. Gewappnete stellten von den oberhessischen Städten Marburg 400, Giessen und
Grünberg je 300, Kirchhain und Alsfeld je 200, Allendorf a. d. Lumda, Frankenberg, Schmalkalden je 150, Wetter 120, elf kleinere je 20 bis 60 (zusammen 326). An anderer Stelle (siehe die zweitnächste Anm.) hört man, dass von
den Landgerichten z. B. Blankenstein 60 Gewappnete stellte. Daselbst heisst
es, der Bischof von Köln (Landgraf Hermann) habe den Zug zahlen sollen,
was aber nicht geschehen sei.

[311]) Wigand Gerstenberg in der Frankenberger Chronik; Cassel. Landes-

lich [312]) angewiesen sind, zählt alle die Grafen von Nassau, Solms, Sayn, Wittgeustein, Waldeck und die Herren von Reicheustein [313]), Eppstein, Königstein und Westerburg mit Namen auf, die persönlich herbeigekommen seien; es sind zum Teil dieselben, die auch nachher im Reichsheer bei Neuss in Heinrichs Gefolge gewesen sind. Weiter seien Reisige hergesandt gewesen von Albrecht von Brandenburg, Wilhelm von Sachsen, dem Bischof von Würzburg, dem Abt von Fulda, anderen Grafen von Nassau und Solms sowie denen von Katzenelnbogen, Henneberg, Schwarzburg, Gleichen, Hohenstein, Wied [314]) und den Herren von Runkel und Wünnenberg [315]). Dazu habe Heinrich viele Böhmen und Schweizer bei sich gehabt. Der Einmarsch des Heeres in Westfalen stand unmittelbar bevor. Da besannen sich noch im letzten Augenblick die Briloner eines besseren; sie kamen mit anderen Westfalen zum Landgrafen in das Lager und baten demütig um Gnade, die ihnen denn auch jetzt noch gegen das Versprechen, die ausgemachte Busse zu zahlen [316]), und sonstige Bedingungen bewilligt wurde. Das Schloss Scharfenberg bei Brilon [317]) wurde zerstört. Heinrich aber wendete sich alsbald von Schreufa wieder zurück (zum Durchmarsch durch Frankenburg brauchte nach dem

---

bibl., Mss. Hass. 4° Nr. 26 Bl. 26v. Vgl. Kucheubecker, Analecta Hassiaca V S. 226 ff. Gerstenberg war 1457 zu Frankenberg geboren, damals aber wohl nicht zu Hause, da er 1473 die Erfurter Hochschule bezogen hatte. Die Namenliste unserer Stelle beruht wohl auf Aktengrundlage. Vgl. Pistor in der Hess. Zeitschr. XXVII S. 21 und 28.

[312]) Nicht mehr ausschliesslich: im Marb. Staatsarch. (Bez. z. Köln) findet sich aus späterer Zeit ein Bericht des Rentmeisters zu Blankenstein (bei Gladenbach), wonach gewisse Amtsinsassen, zum Teil über 80 Jahre alt, ausgesagt haben, Landgraf Heinrich sei mit einem grossen Volk gegen Brilon ausgerückt, und als er fünf Meilen gezogen, sei er von den Brilonern aufgesucht und Friede geteidingt worden, darauf sei der Landgraf aus solchem Lager (wo ein merklich Volk aus Böhmen, das schwarze Heer genannt, zu ihm hergekommen sei) aufgebrochen und bis vor Linz gezogen. Damit bestätigt sich, dass die Kostenverzeichnisse nichts gegen Gerstenberg beweisen, wenn sie einfach vom Auszug nach Linz reden, ohne die ursprüngliche Marschrichtung zu erwähnen.

[313]) 'Reichenberg'.

[314]) 'Weda'.

[315]) 'Wonnenberg'.

[316]) In einer leider grossenteils nicht mehr lesbaren Urkunde von 1475 Dez. 21 verspricht Landgraf Hermann (unter Bezugnahme auf die Verabredungen Eberhards von Wittgenstein und Goswin Kettelers) Ratenzahlung der von Brilon verschriebenen 4000 Gulden. Marb. Staatsarch., Bez. z. Köln.

[317]) 'Schartenberg'; vgl. Brunner im Hessenland III S. 159 I Anm. 2.

Chronisten das Heer volle 12 Stunden) und zog nunmehr auf geradem Wege an den Rhein nach Linz. Es scheint übrigens, als habe er aus Mangel an Mitteln schon jetzt einen Teil der eben erst zusammengekommenen Truppen wieder nach Hause ziehen lassen müssen [318]). Von den auswärtigen Hülfstruppen hört man überhaupt im Verlauf des Feldzuges merkwürdig wenig [319]). Seit dem 10. Juli finden wir den Landgrafen mit seinem Heer vor Linz im Felde liegen [320]). Wir werden aber sehen, dass er auch dort nicht lange geblieben ist.

Auf der anderen Seite hatte sich unterdessen Herzog Karl, so schlecht auch die Drohungen seiner Leute dazu stimmten, der Kapitelpartei gegenüber eine Zeit lang noch immer das Ansehen des Vermittlers gegeben. So hatte er Herrn Ruprecht von Aremberg an das als Schlüssel zum Erzstift für ihn so überaus wichtige Neuss abgeschickt mit dem Antrag, die Stadt möge sich in seine Hand ergeben, dann wolle er sie gegen die Rache des Erzbischofs sicher stellen und ihre Freiheiten bestätigen und vermehren. Der Rat erklärte jedoch mit höflichen Worten, so unbedenklich er sich sonst dem Herzog anvertrauen würde, gehe das doch jetzt nicht mehr an, nachdem der Streit der Stadt mit dem Erzbischof einmal in die Hand von Papst und Kaiser gelegt worden sei. Schon längst sah man übrigens zum Zeichen dieser Thatsache an den Thoren der Stadt das päpstliche und das kaiserliche Wappen prangen. Versuche Arembergs, mit einzelnen Einwohnern anzuknüpfen, wurden vom Rat vereitelt: die Neusser kannten das wälsche Geschütz, das mit seinen

---

[318]) Juli 2 lagen abermals 'Trabanten und Böhmen' bei Spangenberg, in Pfiefe. Juli 11 lagen ebendort aus dem Heere zurückkehrende 'Herzogliche und Trabanten'. Landau'sche Auszüge; Hess. Zeitschr. VI S. 58 Anm. IV.

[319]) Ganz vereinzelt steht die Nachricht, dass 1474 Sept 8 (Donnerst. nativ. Mariae) Bamberger mit 190 Pferden, Markgräfliche (Brandenburger) mit 400 reisigen und 200 Wagenpferden und Henneberger mit 26 Pferden zu Vacha a. d. Werra eingetroffen seien: Landau'sche Auszüge; Hess. Zeitschr. a. a. O. Anm. IX. 'Fuldische' dienten dem Landgrafen vor Linz und in Köln: Urk. Heinrichs 1474 Aug. 7, Cassel. Landesbibl. Von gräflichen Reisigen waren mit vor Linz Schwarzburger und Hohensteiner: Hess. Zeitschr. a. a. O. Anm. VIII; mit in Köln Waldecker und Solmser: Wülcker, Urkunden und Akten zur Belagerung von Neuss S. 22.

[320]) Juli 10 wurde Asmus Döring (vgl. oben S. 30) aus dem Heer vor Linz nach Köln geschickt; Landau'sche Auszüge a. a. O. Juli 13 schrieb Landgraf Heinrich 'im Feld vor Linz' an den Abt von Hersfeld (er bat, einen ihm geborenen Sohn Juli 25 in Marburg zu taufen); gedr. Hess. Zeitschr. I S. 323 (irrtüml. mit 'Juli 18').

goldenen Geschossen uneinnehmbar geglaubte Plätze bezwang [321]). In Köln wusste man nicht anders, als dass Herzog Karl noch einmal eine grosse Gesandtschaft in Stift und Stadt schicken wolle [322]). Da tauchten seit Ende Juni neue drohende Gerüchte auf, wonach an verschiedenen Punkten starke Scharen Gewaffneter sich sammelten, mit denen Herzog Karl in kurzen Tagen an den Rhein kommen wolle; am 25. Juli wolle er vor Neuss, dann vor Bonn, dann vor Köln erscheinen. Vom König von Frankreich habe er nichts zu befürchten [323]). Durch Hörensagen erfuhr man, dass der Plan der neuen Besendung des Stiftes aufgegeben sei, und dass der Herzog Gewaltmassregeln ergriffen habe, durch die er besonders die Hauptstadt Köln zu Unterwürfigkeit zu zwingen, Zwietracht unter ihren Bürgern zu erwecken und Geld von ihnen zu erpressen hoffe [324]). Ein Erlass des Herzogs, der am 2. Juli im Kölner Rat zur Kenntnis gelangte, bestätigte das; er machte allen Zweifeln, was man fortan von Herzog Karl zu erwarten habe, ein Ende.

Am 22. Juni, dem Tag seines Aufbruches von Luxemburg, hatte der Herzog diesen Erlass in die verschiedenen Provinzen des burgundischen Reiches ausgehen lassen [325]). Überall sollte verkündet werden, dass fortan niemand irgendwelchen Handelsverkehr treiben dürfe mit den aufständischen Untersassen Ruprechts von Köln, so wenig wie mit den Untersassen Sigmunds von Oesterreich, mit den der burgundischen Herr-

---

[321]) Magnum chronicon S. 411. Vgl. S. 410 über die Wappen.

[322]) Die Stadt gab Juni 24 das erbetene Geleit für Bernhard von Ramstein, Balduin von Lannoy, Heinrich von Perwez, Friedrich und Wilhelm von Egmond, Dietrich von Burtscheid, Dietrich und Anton von Palant, Gerhard Vurry und Nikolaus Ruyter, zu 80 Personen, auf einen Monat; siehe Annalen 49 S. 157. Landgraf Hermann beschwerte sich Juli 1 durch Gerlach von Breitbach über die Geleitserteilung an Ramstein; Stadtarch., Memorialb. Bl. 36 (Juli 2).

[323]) Memorialb. Bl. 34v (Juni 28), die Stelle gedr. Annalen 49 S. 162 f. (163 Zeile 1 lies 'domicellus Moersensis avisavit eos'); Köln an Wilhelm von Jülich (mangelh. Auszug Annalen 49 S. 9) und an Johann von Trier Juni 28, Stadtarch., Briefb. 30 Bl. 129v und 130). — In Oberdeutschland meinte man damals sogar, der König von Frankreich werde dem Herzog von Burgund einen grossen Zuzug leisten. Der Herzog werde zunächst dem Erzbischof von Köln zu Hülfe kommen, dann mit dessen und des Hauses Bayern (-Pfalz) Hülfe in das Elsass ziehen: Schreiben aus Metz, Juni 22 von Strassburg an Kolmar mitgeteilt; Witte a. a. O. S. 41.

[324]) Memorialb. Bl. 35v (Juli 2).

[325]) Karl an Flandern, gleichz. Abschr. Köln. Stadtarch., Burgund. Briefb. Bl. 37; an Brabant, ebenso Bl. 36; an Holland, Seeland, Friesland, erwähnt bei Scheltema, Inventaris van het Amsterdamsche Archief I S. 48.

schaft entrissenen Pfandlanden [326]) und mit den feindseligen Städten (der niederen Vereinigung) Strassburg, Schlettstadt, Kolmar, Basel. Es sollte ausgerufen werden, dass jeder, der Kaufmannsgut der Obgenannten in Händen habe oder ihnen Geld schulde, alsbald hierüber, wie über den diesseitigen Besitz der Obgenannten an Land und Erbe, Renten und Einkünften den Behörden schriftlich genaue Angaben machen müsse, widrigenfalls man gegen ihn als Widerspenstigen verfahren werde. Alles dies Gut sollte dann von den Behörden zu Gelde gemacht werden zum Nutzen des Herzogs. Denn also beliebe es ihm. Das wichtigste aber an diesem Erlass war die offene Erklärung des Herzogs, er wolle Gott und der heiligen Kirche zu Ehren sein Heer in das Stift Köln einrücken lassen und allen Ernst anwenden, um die aufständischen Untersassen Erzbischof Ruprechts, seines lieben Neffen — denn immer betonten er und seine Leute [327]) die angebliche Verwandtschaft —, zum Gehorsam gegen diesen zu bringen. Dem entsprach es, wenn er an demselben Tage einen Teil der in der Freigrafschaft Burgund stehenden Truppen zu sich berief [328]). So war es also endgültig entschieden, dass der Herzog nicht nach dem Oberrhein ging, wozu doch die dort erlittenen schweren Verluste, auch persönliche Kränkungen wie die Hinrichtung Peters von Hagenbach, ihm allen Grund gegeben hätten [329]), sondern an den Niederrhein, wo er grössere Erfolge bei geringerer Gefahr erhoffte [330]). Auf ernstlichen Widerstand des Reiches rechnete er für so bald nicht.

Köln hatte schon am 28. Juni auf die Warnungen vor plötzlichem Überfall beschlossen, den Erzbischof von Trier, die beiden Herzöge von Jülich, die Grafen Sayn und Virneburg und die Städte Bonn, Neuss und Aachen zu heimlicher Besprechung einzuladen [331]). Am 8. Juli ordnete es Vertreter ab zu einer Zusammenkunft, welche Landgraf

---

[326]) Sie werden als 'land van Ferrette' (Pfirt) bezeichnet; Köln erläutert 'alias Sunckaw'.

[327]) Vgl. Olivier de la Marche bei Petitot X S. 290.

[328]) Karl an Claudius von Neufchatel Herrn du Fay Juni 22 Luxemburg, verz. bei v. Rodt a. a. O. I S. 234. Vgl. Dierauer, Gesch. der Schweizer. Eidgenossensch. II S. 192.

[329]) Noch Anfang Juli versah man sich in Strassburg unmittelbarer Gefahr ebenso wie in Köln; vgl. Nürnberg an Strassburg Juli 4, Priebatsch I S. 674; K. Friedrich an Frankfurt Juli 5, Janssen II 1 S. 349.

[330]) Siehe die Darlegung von Bachmann, Deutsche Reichsgesch. II S. 469 f.

[331]) Stadtarch.; Memorialb. Bl. 35 (Juni 28); die entsprechenden Briefe an Wilhelm von Jülich und Johann von Trier Briefb. 30 Bl. 129v und 130.

Hermann und das Kapitel zwischen Räten und Freunden von Trier, Sachsen, Jülich, Hessen, Aachen, Köln, Kapitel und Landschaft veranstalteten [332]). Man hatte inzwischen schon die Folgen der herzoglichen Mandate erfahren: die Kaufleute hatten noch wie immer den Antwerpener Pfingstmarkt besucht, jetzt wurden auf der Rückkehr von dort Kölner Bürger ohne Rücksicht auf Antwerpens Marktfreiheit in des Herzogs Landen festgehalten und ihres Gutes beraubt [333]). Der uralte Handelsverein zwischen Köln und Brabant war zerrissen; Köln wurde durch die Gewaltmassregeln des Burgunders der Rücksichten auf seinen nunmehr sowieso unterbundenen Handel entledigt, während es bisher durch ihn immer noch zu möglichst vorsichtiger Haltung gezwungen gewesen war [334]); es konnte jetzt fest auftreten und offen Farbe bekennen. Ein grosser Gewinn für die Partei des Kapitels. Köln rüstete seitdem mit voller Kraft. Daheim wurden die grossen Büchsen in Stand gesetzt und vermehrt, Bollwerke im Norden, Süden und Osten [335]) angelegt, der Boden ausserhalb der Mauern geebnet, Schiffe zusammengebracht [336]). Auswärts aber erscholl weithin der Ruf nach Kriegsvolk [337]), und der Klang des kölnischen Geldes, das so in den Dienst der gemeinsamen Sache gestellt ward, sicherte diesem Rufe freudiges Gehör; an handfesten wagenden Männern war kein Mangel in deutschen Landen.

Der Anmarsch des burgundischen Heeres war jetzt täglich zu erwarten. Immer dichter zogen sich die Scharen an den Grenzen des Stiftes zusammen, besonders um Maastricht. Wie wenig wollte es bedeuten, wenn der Legat Hieronymus, der die ganze Zeit her seine unfruchtbaren Bemühungen um den Frieden fortgesetzt hatte, noch in diesem Augenblick zu Köln ein Mandat ausgehen liess, durch das Erzbischof Ruprecht, bisher durch Briefe und Boten vergeblich ermahnt, unter Androhung strengen Vorgehens gegen ihn öffentlich aufgefordert wurde, binnen 10 Tagen seine Unterwerfung unter die Artikel vom 12. Januar zu beweisen [338]). Am 12. Juli 1474 brach Herzog Karl von Mecheln

---

[332]) Stadtarch.,Schickungsverz. 1468 ff. Bl. 72.

[333]) Köln an den Amtmann zu Montfort (bei Roermond) Juli 6, Briefb. 30 Bl. 133, u. s. w.

[334]) Vgl. Magnum chronicon S. 411.

[335]) Vor der Eigelsteinportze, dem Baienturm und zu Deutz.

[336]) Koelhoff S. 830, Memorialb. Bl. 35 ff.

[337]) Memorialb. Bl. 38 ff., Briefb. 30 Bl. 135 ff. u. a.

[338]) Juli 8 (Colonie in conventu predicatorum; an den Domthüren angeschlagen Juli 9); Burgund. Briefb. Bl. 28.

auf, am 16. kam er nach Maastricht [339]). In fernen Landen, sagt die
Kölner Chronik [340]), war er gefürchtet nach seinen grossen Siegen in
Frankreich, Lüttich und Geldern; aller Orten wurden um sein Drohwort
viele Klöster und schöne Wohnungen vor den Thoren der Städte abgebrochen. Jetzt lag der gewaltige Kriegsfürst, 'grossmächtig an Landen, Leuten und Schätzen', inmitten eines vielsprachigen Heeres —
Hochdeutsche, Niederrheinische, Vlamen, Wallonen, Picarden, Engländer,
Lombarden — zum Einfall in das Kölner Stift bereit. Man erinnerte
sich dort der Weissagung des Jeremias: der Löwe ist von seinem Lager
aufgestiegen; der Berauber der Völker hat sich erhoben, dass er dein
Land zur Einöde mache; deine Städte werden wüste werden und niemand wird mehr darin wohnen [341]). Die Art, wie das übermütige, un-
bändige Heervolk schon in Freundesland hauste, gab einen Begriff davon,
was erst im Stift geschehen würde [342]).

Angesichts dieser Not wendete sich der Blick sehnsüchtig nach
Kaiser und Reich. Die Reichsstadt Köln vor allen war es, die den
Kaiser um Schutz und Rettung anrief. Als der heiligen Kirche und
des heiligen Reiches oberster Beschirmer und Herr möge er sich herab-
fügen und mit den Ständen und Unterthanen, die sich, wenn er selbst
kommt, aller Orten um ihn scharen werden, Hülfe bringen gegen
drohenden unverschuldeten Überfall. Köln werde mit seinem Anhang
sein bestes dazuthun. Der Kurfürst von Mainz, der Domküster Stephan,
sein Bruder Ludwig von Veldenz und andere wurden um Unterstützung
des Hülferufes ersucht. Warnend schreibt die Stadt: werden diese
Lande von Kaiser und Reich verlassen, so fallen sie in Jammer und
Verderben [343]).

Kaiser Friedrich hatte inzwischen in der kölnischen Angelegenheit
wenigstens einmal wieder seine Stimme erhoben. An den Landgrafen
Heinrich von Hessen erging, als er eben seinen gross vorbereiteten
Feldzug gegen Ruprecht eröffnete, am 29. Juni zu Augsburg ein kaiser-
liches Mandat, das ihm den Schutz des Stiftes endgültig übertrug [344]).
Es sei, erklärte der hohe Herr, durch tägliche, glaubwürdige Klage und

---

[339]) Lenglet II S. 213.

[340]) Koelhoff S. 833.

[341]) Magnum chronicon S. 412 (Jeremias Kap. 4).

[342]) Siehe Chronijk der landen van Overmaas 1275—1507, Publications
de la société historique de Limbourg VII S. 44.

[343]) Stadtarch., Briefb. 30 Bl. 136 ff., vgl. Annalen 49 S. 10.

[344]) Verz. Mitteilungen 25 S. 355.

durch den Augenschein erwiesen, dass der Kurfürst von Köln entgegen schirmendem Gebot des Kaisers und entgegen dem eben erst ver-
längerten Landfrieden von Regensburg die dem Reich gehorsame Kölner
Kapitelpartei durch Rauben, Brennen und Blutvergiessen unablässig miss-
handle, in Verachtung von Papst, Kaiser und Reich. So schmähliche
Auflehnung zu dulden, zieme dem Kaiser nicht. Doch sei er selbst
durch andere Anliegen des christlichen Glaubens und des heiligen Reiches
zur Zeit verhindert einzugreifen. Darum erhalte der Landgraf, der auf
früher an ihn gestelltes Ansuchen bisher nicht geantwortet habe [345]),
nunmehr aus kaiserlicher Machtvollkommenheit den Befehl, den Reichs-
schutz der bedrängten Partei zu übernehmen. Die benachbarten Stände
und Unterthanen aber sollten gehalten sein, zur Abwehr von Gewalt
dem Landgrafen beizustehen: gleichzeitig erlassene Gebotbriefe an sie
wurden diesem zur Verfügung gestellt. Für einen weiten Bezirk waren
diese Gebotbriefe in grosser Zahl an Kurfürsten, Fürsten, Grafen, Herren,
Ritterschaft und Städte gerichtet [346]).

Es scheint, dass Landgraf Heinrich diesen kaiserlichen Befehl noch
nicht erhalten hatte, als er vor Linz in eine enge Verbindung mit Köln
eintrat, die weit mehr als jener Befehl für seine fernere Stellung im
kölnischen Kriege bestimmend geworden ist. Der Antrag ging von Köln
aus, das in seinen jetzt so stark betriebenen Rüstungen den Entschluss
fasste, die Hülfe des gerade mit grosser Macht in der Nähe stehenden
Landgrafen auf Grund des Vertrages vom 24. Juli 1473 [347]) für sich
in Anspruch zu nehmen. Am 15. Juli schickte die Stadt einen Ritt-
meister und einen Sekretär, am 17. zwei Ratsherren zu Heinrich in
das Feldlager und bat um Erfüllung der übernommenen Verpflichtung,
bei Kriegsgefahr 800 Mann zu Pferd und 1200 zu Fuss gegen Sold
und Ausrüstungsgeld in Kölns Dienst zu stellen. Philipp von Virneburg, der mit vor Linz gewesen zu sein scheint, wurde zur Leistung
seiner im vorigen Monat übernommenen Mannschaft aufgefordert [348]).

---

[345]) Siehe oben S. 46.

[346]) Bekannt sind die an Köln (eingereicht Juli 27), an Lüttich (nicht
übersandt) und an Bernhard zur Lippe (übersandt); Mitteilungen 25 S. 356;
Preuss u. Falkmann, Lippische Regesten III S. 465. Erwähnt werden (als
übersandt) die an Gerhard und Wilhelm von Jülich, an Johann von Kleve,
an Dortmund, an Düren und an Aachen: Köln an Rudolf von Sulz Aug. 25;
Stadtarch, Briefb. 30 Bl. 166.

[347]) Siehe oben S. 30.

[348]) Stadtarch., Briefb. 30 Bl. 137 ff., vgl. Annalen 49 S. 10. Virne-

Heinrich vermochte sich dem berechtigten Begehren der Stadt um so
weniger zu entziehen, als ihm das Geld ausgegangen war und er die
Stadt soeben um ein Darlehen von 15—16 000 Gulden hatte bitten
müssen [349]). Er musste sich also entschliessen, zum zweitenmal, wie
gegen Ende des vorigen Jahres, die kaum begonnene Belagerung der
Hauptfeste Ruprechts wieder aufzugeben. Einen Teil seines Heeres
schickte er heim [350]), mit dem anderen zog er rheinabwärts [351]). Die
der Stadt Köln zu stellenden Truppen brachte er selbst dorthin [352]).

Der Erzbischof, der von seinem Schloss zu Lechenich aus [353]) die
Rüstungen Kölns mit begreiflichem Verdruss beobachtete, glaubte sich
noch die Mahnung erlauben zu dürfen, dass die Stadt den Landgrafen,
der mit grossem Gezeug nach Köln gekommen sei oder noch kommen
solle, nicht aufnehme, nachdem er ohne vorherige Absage ihn und die
Seinigen vor Linz und anderswo überzogen, Morde verübt, jenen Platz
zerschossen, beraubt und schwer beschädigt habe [354]). Die Stadt erwiderte,
was zwischen dem Erzbischof und dem Landgrafen sich zugetragen habe,
möge dieser allein verantworten. Sie sehe sich, mannigfach gewarnt,
ohne ihre Schuld gezwungen, in Kriegsrüstung zu treten, um sich gegen
Überfall schützen zu können [355]).

Von weit grösserer Bedeutung aber noch, als für Köln, wurde die
Herabkunft der Hessen für das am nächsten bedrohte Neuss. Auf tröst-
liches Schreiben Landgraf Hermanns hin hatte die Stadt zu ihm, dem

burg hatte sich Juni 14 verpflichtet zu Hülfe in Person mit 150 Mann zu
Pferd und 200 zu Fuss; Stadtarch., Urkb. 1464—1523 Bl. 17 (die Ausfertigung, Urk. Nr. 13214, ohne Monat und Tag).

[349]) Stadtarch., Memorialb. Bl. 38v (Juli 15). Die Bitte wurde wohl
durch Asmus Döring vorgebracht, siehe oben S. 73 Anm. 320.

[350]) Juli 22 kamen städtische Truppen zu Marburg, gräfliche und ritter-
schaftliche Reisige zu Ziegenhain an, Hess. Zeitschr. VI S. 58 Anm. VIII. Die
Angabe, dass Heinrich selbst damals mit in Marburg eingetroffen sei, ist irrtümlich, siehe unten.

[351]) 'Unter anderen Orten besetzten die Hessen auch Bonn': Hess.
Zeitschr. VI S. 58 Anm. VII.

[352]) Man schrieb aus Köln nach Frankfurt, Landgraf Heinrich habe
ein schmuckes Volk, an 2000 zu Ross und Fuss mit etlichen Hauptleuten,
hergebracht; Wülcker, Urkunden und Akten zur Belagerung von Neuss S. 71
(Aug. 3). Vgl. Heinrich an Albrecht von Brandenburg Aug. 29 Marburg;
Fontes 46 S. 276. Juli 26 urkundete Heinrich in Köln, siehe unten.

[353]) Von hier schreibt er seit Ende Mai; Stadtarch., Briefeing.

[354]) Juli 18, praes. Juli 20; Stadtarch.; Auszug Annalen 49 S. 12.

[355]) Juli 22; Briefb. 30 Bl. 142v.

Kapitel und dem Kölner Rat um Hülfe geschickt. Dann hörte sie jedoch mit Schrecken, dass Landgraf Heinrich mit dem Heere vor Linz, auf das man bereits seine Hoffnung zu setzen anfing, aufgebrochen sei und den Rücken gewendet habe. Dringend bat die Stadt am 18. Juni, Köln als ein Haupt aller Christenstädte in Deutschland möge sich bei Landgraf Hermann verwenden, dass er 1000 bis 1200 Mann, darunter 200 Reisige, mit tüchtigen Hauptleuten, herbeischaffe [356]). Das war nun jetzt ermöglicht, den Neussern konnten stattliche Scharen Landgraf Heinrichs zugeschickt werden, darunter allein über 60 Mitglieder der hessischen Ritterschaft mit ihren Knechten, ferner landgräfliche reitende Schützen und Fusstruppen der nieder- und oberhessischen Städte [357]).

Die Überzeugung, dass von der Verteidigung der Stadt Neuss der ganze Verlauf des burgundischen Einbruchs abhing, war bei der Partei allgemein. Neuss selbst war sich der Wichtigkeit der ihm zufallenden Aufgabe mit Stolz bewusst [358]). Bonn schickte kurz nach Beginn der Belagerung eine besondere Hülfsmannschaft. Ebenso Köln, über dessen Zurückhaltung man früher in Neuss geklagt hatte [359]). Gemeinsam sind beide Abteilungen nachher vor den Augen des Feindes in die belagerte Stadt eingerückt [360]). Köln hatte schon gleich etwas von den Truppen abgegeben, die Landgraf Heinrich ihm gebracht hatte [361]); es half vor allem mit Kriegsgerät und Geld. Bei weitem das wichtigste aber war, dass der Stiftsverweser Hermann von Hessen den kühnen Entschluss fasste, die Verteidigung der Grenzfeste in die eigene Hand zu nehmen. Am 26. Juli [362]) zog er an der Spitze der Kriegsmannen seines Bruders

---

[356]) Juli 18, praes. Juli 19; Stadtarch.; Auszug Annalen 49 S. 11 Vgl. Magnum chronicon S. 411.

[357]) Heinrich Aug. 29, Fontes 46 S. 276; Magnum chronicon S. 411; 2 ausführliche 'Register', von den Reisigen und von den Fussknechten Landgraf Heinrichs, 'wat schadens sy bynnen Nuyss geleden haven', von 1475 Juni, Stadtarch. Das zweite nennt die Städte Cassel, Zierenberg, Wolfhagen, Gudensberg, Spangenberg, Witzenhausen, Allendorf a. d. Werra, Eschwege, Sontra, Treysa, Schmalkalden, Alsfeld, Allendorf a. d. Lumda, Giessen, Marburg, Wetter und Biedenkopf.

[358]) Brief an Köln Juli 18.

[359]) Siehe Magnum chronicon S. 411.

[360]) Magnum chronicon S. 419. Christian Wierstraat, Histori des beleegs van Nuis Vers 232 ff., Deutsche Städtechroniken 20 S. 518.

[361]) Vertrag Kölns mit Heinrich und Neuss Juli 24, gedr. Annalen 49 S. 164.

[362]) Das ergeben zwei sich kreuzende Briefe dieses Tages von Neuss und von Köln; Stadtarch.; Auszüge Annalen 49 S. 14.

nach Neuss; 11 Monate hat er mit ihnen darin ausgehalten. Die Hessen haben hier in hoher Not und unter grossen Verlusten den uralten Ruf ihrer zähen Tapferkeit glänzend bewährt. Den Landgrafen aber wussten die Zeitgenossen nicht genug zu rühmen. Klug und vorsichtig habe er sich gehalten, tröstlich und freundlich zu den Bürgern und Söldnern, unverzagt in allen Kämpfen und Nöten, als die Seele des Widerstandes. Allen Lockungen der Burgunder, dass er seine Hand abthäte und liesse den Herzog mit der Stadt gewähren, habe er widerstanden; getreu bis in den Tod denen, die Hoffen und Getrauen auf ihn gesetzt. Für ewige Tage habe er Lob und Preis in ganzer deutscher Zunge verdient [363]) Unter Hermanns Leitung wurden in Neuss die schon weit fortgeschrittenen Verschanzungen rasch vollendet. Grössere Deckungen im umliegenden Gelände wurden möglichst beseitigt, doch blieben die Kirche und die Hauptgebäude des Oberklosters im Süden der Stadt verschont [364]). Die Verpflegung war besonders durch einen grossen Beutezug vom 26. Juli auf lange Zeit gesichert. Es fehlte zwar noch an manchem, an Pulver, an Pfeilen, vor allem an Geld. Doch hoffte man auf Gott, den hochgelobten Marschall St. Quirin und Köln [365]). In fester Haltung sah man dem immer näher rückenden Feinde entgegen.

Herzog Karl führte sein Heer am 21. Juli aus der Umgegend von Maastricht in die von Valkenburg [366]). wo er noch einmal für mehrere Tage Halt machte. Die Scharen, mit denen er, gefolgt von Herzögen, Grafen, Rittern und Knechten, durch Maastricht zog, schätzte man dort auf mindestens 18000 Mann [367]). Im Kloster St. Gerlach bei Valkenburg empfing er Gesandte von Neapel, Venedig, Dänemark und anderen Staaten, auch solche von Jülich-Berg. Mit König Edward von England, seinem Schwager, ging er dort am 25. Juli einen ewigen

---

[363]) Koelhoff S. 832.

[364]) Siehe Magnum chronicon S. 411, 412, 413, wo vor allem näheres über das Kloster. Seine Insassen zerstreuten sich, nur wenige blieben zurück. Ein Teil ging nach Neuss, darunter der Chronist selbst. Landgraf Hermann weinte, als er die Armen einziehen sah.

[365]) Neuss an Köln Juli 26 und Aug. 1; Stadtarch.; Auszüge Annalen 49 S. 14 und 17.

[366]) Siehe für das folgende Lenglet II S. 213 f.

[367]) Chronik von Maastricht 1266—1517, Publications de Limbourg I S. 76. Höhere Schätzung z. B. in den 'Geschichten und Thaten Wilwolts von Schaumburg', Bibl. d. Litt. Vereins 50 S. 19: 10000 zu Ross und 20000 zu Fuss.

Freundschaftsvertrag ein, dem sich eine Reihe besonderer Verabredungen anschloss. Die Hauptbestimmung war, dass Edward am 1. Juni 1475 zum Feldzug gegen Frankreich auf dem Festland bereitstehen sollte [368]). Merkwürdig war das Verhalten Christians von Dänemark: während er selbst oben im Reich die Gunstbezeugungen Kaiser Friedrichs, die Gastfreundschaft Albrechts von Brandenburg genoss [369]), befestigte er durch hinabgesandte Räte und Freunde [370]) von neuem die schon längst [371]) angeknüpfte Verbindung mit dem Herzog von Burgund. Am 25. Juli, im Lager bei Valkenburg, schrieb dieser an die Ditmarschen und mahnte sie zum Gehorsam gegen König Christian, mit dem er in Bündnis stehe und dem er Hülfe leisten werde [372]). Karl fühlte sich damals so recht als Herrn der politischen Lage, das zeigen alle seine Kundgebungen. Auch an Köln schrieb er noch einmal am 25 Juli [373]).

Und an eben diesem Tage erhob er sich nun zum Anmarsch auf Neuss. Er kam am 25. bis Teveren, am 26. bis Linnich; am 28. war er bei Erkelenz, er bat hier den Herzog von Kleve um Sendung von Geschützen vor Neuss, das er belagern wolle [374]); am 29. erreichte er das Dorf Holzheim bei Neuss. Schon seit mehreren Stunden durch den vorausschallenden Lärm angekündigt, pflanzte das Heer seine Zelte auf, eine neue Stadt schien plötzlich zu erstehen. Ein burgundischer Herold nahte dem Thore von Neuss und verlangte bestimmten und schleunigen Bescheid, ob man seinen Herrn einlassen und sich ihm unterwerfen wolle. Mit Mühe wurde das erregte Volk abgehalten, sich an dem Abgesandten zu vergreifen. Der Rat erklärte nach wie vor, die Sache der Stadt liege in der Hand von Papst und Kaiser. Als der Herzog diese Antwort empfangen hatte, liess er drei starke, glänzende Reiterhaufen offen und gemächlich zum Angriff aufstellen. Indem sie dann vorbrachen, bot sich ihnen ein ungewohnter Anblick. Scharen der Neusser mit zahlreichem Geschütz hatten sich schnell vor der Stadt hinter Rainen

---

[368]) Rymer, Foedera et acta publica, Ausgabe 1704 ff. XI S. 804 ff. (Juli 25—27).

[369]) Siehe oben S. 66, Priebatsch I S. 679 ff.

[370]) Marschall Ritter Nikolaus Rönnow, Sekretär Albrecht Klitzing, Herold-Wappenkönig Dietrich und ihre Diener erhielten Juli 4 Geleit von Köln auf zwei Monate, siehe Kölner Mitteilungen 25 S. 356.

[371]) Siehe oben S. 47.

[372]) Gedr. Christiani, Gesch. von Schleswig-Holstein unter dem Oldenburg. Hause I S. 521.

[373]) Siehe unten.

[374]) Siehe Annalen 49 S. 15.

und Gartenzäunen zur Abwehr eingenistet. Die drei burgundischen Haufen vereinigten sich zu einer mächtigen Masse, in voller Wucht stürmte sie an, aber ein Hagel von Geschossen überschüttete sie, sie prallte zurück. Der Kampf währte längere Zeit. Reiterei der Neusser, obgleich gering an Zahl — sie sollte nur den Feind in den Bereich der Pfeile locken —, griff von den Seiten ein. Mit bedeutendem Verlust zogen die burgundischen Reiter ab. So tollkühne Tapferkeit hatte der Herzog nicht erwartet. Es wird erzählt, dass er in diesem Augenblick den festen Vorsatz gefasst habe, die Stadt zu vernichten. Er musste sich zu förmlicher Belagerung entschliessen, mit der es aber nicht so schnell gehen konnte, da er noch nicht recht darauf eingerichtet war. Vorläufig wurde das Heer um die Stadt hin verteilt; er selbst nahm am 30. Juli Quartier beim Oberkloster [375]).

Der vor dem Aufbruch von St. Gerlach an Köln gerichtete Brief des Herzogs war ganz in dem ihm eigenen listigen Ton gehalten. Karl erinnerte an seines Vaters und sein eigenes Wohlwollen für Köln und setzte auseinander, infolge seines Bundes mit Erzbischof Ruprecht und Pfalzgraf Friedrich und auf deren wie auf des Papstes Verlangen habe er den Erzbischof mit den Domherren und anderen Untersassen zu sühnen gesucht, besonders auf dem Tage zu Maastricht vom 20. Mai; da ihm dies nicht gelungen, sei er verpflichtet, Ruprecht Hülfe zu leisten. Die Stadt Köln jedoch wolle er nicht feindlich behandeln, wenn sie dem Erzbischof Gehorsam beweise, ihn den Herzog gemäss seinem Vertrag mit dem Erzbischof aufnehme und die Widersacher aus der Stadt entferne [376]). Nach allem, was vorausgegangen war, konnten solche Worte in Köln keinen Eindruck machen. Es hätte des neuen Gegengewichtes nicht mehr bedurft, dass eben jetzt Heinrich von Hessen, der noch in Köln weilte, den Gebotbrief Kaiser Friedrichs vom 29. Juni einreichte, worin bei Strafe anbefohlen war, den Landgrafen in Ausübung des ihm übertragenen Reichsschutzes für das Kölner Stift zu unterstützen. In einem Beischreiben erklärte der Landgraf sich bereit, zur Erfüllung des kaiserlichen Auftrages sein möglichstes zu thun, wenn die Stadt ihm dabei helfen wolle [377]). Der Stadt kam, wie die Verhältnisse lagen, das

---

[375]) Alles dies Magnum chronicon S. 414 f. Vgl. Wierstraat Vers 41 ff. (Städtechr. 20 S. 511 ff.).

[376]) Juli 25 Lager bei Valkenburg; Stadtarch., Burgund. Briefb. Bl. 41. Aus einer gleichzeitigen kölnischen Übersetzung ein Auszug Annalen 49 S. 12.

[377]) Juli 26 Köln, praes. Juli 27; Stadtarch., Briefeing. und Burgund. Briefb. Bl. 32v. Es scheint danach, dass überhaupt erst jetzt die kaiserlichen Briefe zur Ausgabe gelangten. Vgl. oben S. 78 mit Anm. 346.

6*

Gebot des Kaisers gewiss nicht unwillkommen. Sie hat es alsbald dem Herzog wie dem Erzbischof gegenüber sich zu Nutze gemacht. Dem Herzog antwortete sie am 29. Juli ausführlich, höflich und bestimmt. Sie dankte ihm für früher bewiesene Gunst und sprach herzliches Bedauern über die Stiftsstreitigkeiten aus. Den Erzbischof habe sie immer als den Herrn der Kölner Kirche behandelt, sie habe ihm in seinen Nöten Geld vorgestreckt, ohne es wiederzuerhalten, und würde ihm gern weitere Ehre erwiesen, auch den Einritt gewährt haben, aber er habe sich in den letzten Jahren der Stadt wie seinem Kapitel entfremdet und füge der Stadt täglichen Schaden zu. Den Herzog halte Köln für einen grossen und mächtigen, auch für einen ihm günstigen Fürsten, aber von seinen Beamten sei kraft eines herzoglichen Generalmandates, worin freilich Köln nicht genannt gewesen, Kölner Bürgergut zu Antwerpen und anderswo aufgehalten worden, gegen Marktfreiheit und Erbeinung, ohne Warnung. Die Domherren und ihren Anhang aus der Stadt zu treiben, gehe nicht an. Dieselben haben ihre Sache an Papst und Kaiser gestellt, die sich ihrer angenommen haben. Köln schickt Abschrift der ihm gewordenen kaiserlichen Gebotbriefe. Dass es sich rüstet, dazu zwingt die Not der Zeit; es getraut sich, unverschuldetem Überfall zu widerstehen und das Verhalten der Stadt vor Gott, Papst, Kaiser und aller Welt zu verantworten [378]).

Als Herzog Karl diesen Brief im Lager vor Neuss erhielt, hatte er sich bereits überzeugt, dass er hier vorläufig nicht von der Stelle kam. Es wird erzählt, Erzbischof Ruprecht habe gedacht, drei Tage nach Ankunft der Burgunder werde man ihm die Schlüssel von Neuss entgegenbringen [379]). Aber als er am 1. August im Lager eintraf, um Herzog Karl zu begrüssen, bei dem er dann eine ganze Woche verweilt hat [380]), konnte er mit eigenen Augen sehen, dass er seine Feinde unterschätzt hatte. Man hätte deshalb gern die Hauptstadt Köln, um sie an thätigem Eingreifen zu hindern, noch durch Verhandlungen hingehalten; der Herzog erbot sich, ihr mündliche Antwort bringen zu zu lassen. Aber auch hierin ging es ihm nicht nach Wunsch; die Stadt lehnte ab: sie habe bei der jetzigen Unsicherheit der Strassen nicht Macht, das für den burgundischen Abgeordneten (den Scholaster von St. Servatius zu Maastricht) verlangte Geleit zu geben. Das war am

---

[378]) Stadtarch., Briefb. 30 Bl. 147 und Burgund. Briefb. Bl. 42.

[379]) Janssen II 1 S. 351 Nr. 490, Bericht des Frankfurters Walther von Schwarzenberg Aug. 23 Köln.

[380]) Siehe Lenglet II S. 214.

3. August[381]); am 1. hatte die Stadt dem Erzbischof Ruprecht auf Grund der gegen ihn als Ungehorsamen des Reichs ausgegangenen Gebotbriefe Fehde angesagt[382]).

Es war von entscheidender Wichtigkeit, dass die mutige und entschlossene Stimmung, wie sie sich in den Stiftsstädten Neuss, Bonn, Andernach und anderswo zeigte[383]), auch in Köln durchaus herrschend war. Reich und arm war erhitzt gegen den Herzog und willig, gemeinsam Lieb und Leid zu tragen, um die heilige Stadt zu verwahren. Der Feind sollte, wenn er käme, den Wirt daheim finden[384]). Man bollwerkte an allen Enden, fällte Gehölze, brach Klöster und andere Gebäude vor den Festungswerken ab[385]). Schon strömte aus Oberland und Westfalen ein grosses Volk von Söldnern zu Ross und Fuss zusammen; immer neue Werbungen ergingen[386]). Alsbald nach der Absage an den Erzbischof begannen die Ausfälle in die Umgegend. Köln war der mächtige Mittelpunkt der Landesverteidigung geworden. Neuss genoss andauernd seiner Hülfe. Heinrich von Hessen, der übrigens für seine Person am 1. August von Köln wieder nach Hause reiste[387]), und mehrere Häupter der Stiftspartei standen in Soldverhältnis zur Stadt Mit Johann von Trier, der ihre Werbungen zu fördern sich bemühte[388]), blieb die Stadt in fortwährender Verbindung. Ebenso mit den bergischen Herzögen. Truppen zu schicken, wie sie versprochen hatten, und wie Köln jetzt erbat, da der Fall der Not eingetreten sei[389]), konnten diese freilich nicht wagen. Aber sonst zeigten sie sich noch durchaus freundnachbarlich. Sie erklärten unter anderem, dass das übele Hausen der Burgunder beim Durchzuge durch das Herzogtum

---

[381]) Stadtarch., Briefb. 30 Bl. 156 und Burgund. Briefb. Bl. 44v.

[382]) Briefb. 30 Bl. 155v und Burgund. Briefb. Bl. 44.

[383]) Wülcker S. 72, Bericht nach Frankfurt Aug. 5 Köln.

[384]) Wülcker S. 71 und Janssen II 1 S. 351, Berichte nach Frankfurt Aug. 3 und 23 Köln. Für den 15. August wurde ein allgemeiner Bittgang wie zu Ostern angesetzt.

[385]) Klöster Weiber und Mechtern, Krankenhaus Melaten, Judenfriedhof, Vorort Riehl; Koelhoff S. 834. Auch Bonn liess Häusser ausserhalb der Mauer an mehreren Stellen abbrechen; Koelhoff S. 835.

[386]) Stadtarch., Briefb. 30 Bl. 135 ff, Memorialb. Bl. 38 ff. u. a.

[387]) Wülcker S. 71, Bericht nach Frankfurt Aug. 3 Köln. — Aug. 7 war Heinrich, wie es scheint, schon in Marburg; Urkunde von diesem Tage in der Casseler Landesbibl.

[388]) Briefe an seinen Bruder Karl von Baden Juli 25 und Aug. 19, verz. Goerz S. 239.

[389]) Juli 23; Briefb. 30 Bl. 141 ff.

Jülich nicht dazu reize. ihnen Zugeständnisse zu machen. die man irgend vermeiden könne [390]).

In solcher Lage der Dinge wandte man sich von neuem an den Kaiser. Köln betonte, wie durch den nun wirklich erfolgten Einfall der Burgunder und die begonnene Belagerung von Neuss die Gefahr für das Reich wesentlich verstärkt sei, und mahnte um so dringender zu persönlicher Herabkunft und zum Widerstand mit Hülfe der Reichsstände. Man machte den Vorschlag, zunächst Ludwig von Veldenz mit einer tüchtigen Anzahl Kriegsvolk, mit dem Reichsbanner und weiteren Gebotbriefen herzuschicken, zum Beistand für Heinrich von Hessen. Auch an Ludwig selbst, seinen Bruder Stephan, der noch immer oben im Reich weilte, und andere ergingen ähnliche Briefe [391]). Dass ihre Wirkung keine sofortige sein würde, wusste man wohl. Einstweilen genügte noch die eigene Kraft. Zwar verstärkte sich das Heer und befestigte sich das Lager Herzog Karls allmählich immer mehr, doch mangelte es noch sehr an schwerem Geschütz. So that der Herzog den Neussern nicht allzuviel Schaden. In ohnmächtigem Zorn musste er mit ansehen, wie die von Köln und Bonn gesendeten Hülfstruppen über die vor der Stadt gelegene Rheininsel, die er noch nicht zu besetzen vermocht hatte, nach Neuss hineingelangten, von den Belagerten mit hellem Jubel empfangen [392]). Diese unternahmen ihrerseits die erfolgreichsten Ausfälle gegen den Herzog [393]). Auch die Kölner kamen bis an sein Lager heran [394]); hauptsächlich aber waren die futterholenden Streifscharen durch sie gefährdet. Auf beiden Seiten, im Rücken wie vorn, verlor der Herzog so eine Menge Volk; ohne neuen Zuzug wäre er wohl bald in übele Lage geraten. Das zügellose Wesen seiner bunt zusammengewürfelten Haufen, die sich an Frauen und Jungfrauen vergriffen und in den Kirchen Spott und Frevelthaten verübten, mehrte die feindselige Stimmung im Lande. Man hoffte, 'den schnöden Tyrann und Verräter' diesmal so zu fassen, dass niemand weiter Verdruss von

---

[390]) Aug. 1 Burg. praes. Aug. 3; Stadtarch., Auszug Annalen 49 S. 17.

[391]) Aug. 1; Briefb. 30 Bl. 151 ff.

[392]) Siehe oben S. 80 mit Anm. 360.

[393]) Siehe u. a. Magnum chronicon S. 419 f. und Wierstraat Vers 315 ff. (Städtechr. 20 S. 521 f.): Aug. 9.

[394]) Siehe z. B. Köln an Neuss Aug. 10: die Grafen, Ritter und Knechte von Köln sind diesen Morgen mit dem Heer vor Neuss handgemein geworden, wie man drinnen wohl gesehen haben wird, u. s. w.; Briefb. 30 Bl. 161v, Auszug Annalen 49 S. 18. Übereinstimmend Koelhoff S. 835.

ihm haben solle [395]). In Köln, wo sich die Rüstungen immer mehr vervollständigten, traf am 9. August vom Kaiser wenigstens ein allgemeines Versprechen ein, auf Widerstand bedacht sein zu wollen. Bis dahin solle man sich nach Vermögen in die Dinge schicken und dem unbilligen Vornehmen Herzog Karls nicht nachgeben [396]).

Weit wirksamer aber war das Bekanntwerden der Briefe, welche Papst Sixtus am 7. Juni in Sachen des Kölner Stiftsstreites hatte ausgehen lassen [397]). Sie verkündeten volle Übereinstimmung der beiden Häupter der Christenheit. Der Papst ersuchte den Kaiser um Schlichtung der Streitigkeiten im Erzstift Köln, unter ausdrücklicher Missbilligung des Verhaltens Erzbischof Ruprechts. Er teilte dies Ersuchen den Parteien sowie dem Bischof von Fossombrone mit. Dessen Vermittlerrolle war ausgespielt, er erhielt Befehl, sich zum Kaiser zu verfügen und ihn anzufeuern. Von dem Domkapitel und von den Edelen und Vasallen der Kölner Kirche wurde Gehorsam für den Kaiser gefordert. Erzbischof Ruprecht aber bekam lebhaftesten Tadel. Es sei ihm doch bei schweren Strafen verboten gewesen, Schlösser und Gebiete der Kölner Kirche zu veräussern; kaum glaublich sei es, dass er diese Befehle verachte, in offener Feindschaft gegen Kapitel und Stände seines Stiftes die Waffen weltlicher Fürsten zu Hülfe rufe und diesen dafür Kirchenbesitz übertrage. Die dem Erzbischof anvertraute Kirche laufe Gefahr, aus seiner freien Braut zur Magd Fremder zu werden. Das erklärte der Papst nicht dulden zu können. An Herzog Karl von Burgund insbesondere erging das strenge Verbot, eine der Parteien im Erzstift Köln zu unterstützen, daselbst sein Wappen anzuschlagen oder sein Banner aufzupflanzen, Besitzungen des Stifts sich übertragen zu lassen oder sonst irgend etwas zu thun, was den Frieden hindern könne. Der Schutz des Stiftes gebühre dem Papst, und der lasse ihn durch den Kaiser ausüben.

Diese päpstlichen Schreiben bedeuteten eine nicht geringe Stärkung der Partei des Kapitels. Im Namen Landgraf Hermanns und der Landstände des Erzbistums wurden Abschriften verbreitet und dem Vorgeben Herzog Karls, er habe seinen Kriegszug auf Befehl des Papstes unter-

---

[395]) Wülcker S. 71 und 72, Berichte nach Frankfurt Aug. 3 und 5 Köln.

[396]) Juli 28 Augsburg, Antwort auf das Hülfegesuch von Juli 16; Stadtarch.; Auszug Annalen 49 S. 15.

[397]) Sechs päpstliche Schreiben von 1474 Juni 7 Rom; Stadtarch., Burgund. Briefb. Bl. 29 ff. Vgl. Annalen 49 S. 9 (in dem Auszug lies Zeile 2 v. u 'impedire') und Mitteilungen 25 S. 354.

nommen, die Thatsache des Verbotes, sich in den kölnischen Streit ein-
zumischen, entgegengehalten [398]). Wenn Ruprecht jetzt die Kriegser-
klärung Kölns — die er erst am 7. August, nach Rückkehr aus dem
Lager vor Neuss, zu Erprath erhielt — und das Schreiben der Stadt
an den Herzog beantwortete mit langen Klagen über das unredliche
Verhalten seiner Gegner, auch des Kaisers oder vielmehr seiner bösen
Ratgeber, und mit weitläufiger Darlegung der erzbischöflichen Rechte
auf die Stadt [399]), wenn er in ausführlichen nach auswärts versandten
Rechtfertigungsschreiben zu begründen suchte, dass er gegen die Feindseligkeiten von Stift und Stadt einen Schutzherrn habe suchen müssen,
dem er aus Not sich unterstellt habe, doch dem Papst, Kaiser und
Reich ohne Nachteil [400]), so war der Wirkung solcher Auseinander-
setzungen durch die päpstlichen Erlasse die Spitze abgebrochen. Er
fühlte das selbst sehr wohl [401]). Auch dem Herzog musste die Gegnerschaft des Papstes, die er dann mit dem Mittel ruhig fortgesetzter Berufung auf den früheren päpstlichen Brief vom 10. Juli 1473 bekämpft
hat, höchst unangenehm sein, zumal in seiner augenblicklichen Lage.
Man meinte schon damals, er wäre gern mit Glimpf wieder aus dem
Lande, er wünsche nie vor Neuss gekommen zu sein, das ihm so grossen
Schaden und Schande bereite [402]).

Deshalb glaubte man auch, dass es von ihm ausgehe oder wenigstens
mit seinem Einverständnis geschehe [403]), als Johann von Kleve und Gerhard von Jülich sich bei Landgraf Hermann und dem Domkapitel, bei
Neuss und bei Köln zu Vermittlungsversuchen erboten [404]). In Neuss
verwies man sie nach Köln. In Köln aber, wo eben damals der Rat
den Herzog Gerhard und seinen Sohn Wilhelm, sowie den jülich-bergischen Landtag zu Burg um Hülfe anmahnte [405]), ging man auf das

---

[398]) Schreiben an Johann von Kleve Aug. 11, Annalen 49 S. 19.

[399]) Aug. 8 Erprath, praes. Aug. 14; Stadtarch.

[400]) Aug. 16 Erprath, Auszug Fugger-Birken S. 804 und Müller II
S. 663. Das Exemplar an Frankfurt verz. Wülcker S. 20.

[401]) Vgl. seinen Brief an Herrn Eberhard von Aremberg Aug. 24 Erprath; Stadtarch.

[402]) Vgl. Janssen II 1 S. 351, Bericht Schwarzenbergs Aug. 23 Köln.

[403]) Bericht Schwarzenbergs Aug. 26 Köln, gedr. Wülcker S. 73;
Stadtarch., Burgund. Briefb. Bl. 2, Vermerk zu Erklärung Kölns Aug. 23,
siehe unten.

[404]) Gerhard an Köln Aug. 11 Burg, praes. Aug. 13, Stadtarch., vgl.
Annalen 49 S. 18 (irrtümlich 'und Jungherzog'); Köln an Johann und an
Gerhard Aug. 15, Briefb. 30 Bl. 164; Bericht Schwarzenbergs Aug. 26.

[405]) Aug. 11 und 15, Briefb. 30 Bl. 159v, 160, 162v.

Erbieten ein, da es wenigstens eine Klärung der Lage versprach. Doch
wurde nach keiner Richtung etwas erreicht. In der Hauptangelegen-
heit hatten die am 19. August in Köln eintreffenden kleve-märkischen
und jülich-bergischen Räte, da sie weder von Herzog Karl noch von
Erzbischof Ruprecht mit öffentlichem Auftrag versehen waren, eigentlich nichts zu bieten, als die Versicherung der Bereitwilligkeit ihrer
Herren, in Person zu Düsseldorf zwischen den Parteien zu verhandeln.
Den Herzog von Burgund werde man für diesen Vorschlag zu gewinnen
suchen. Kapitel und Stadt antworteten ablehnend. Immer wieder wird
betont: die Sache liegt in der Hand von Papst und Kaiser. Die am
23. August im Minoritenkloster abgegebene endgültige Erklärung der
Vertreter der Stadt schliesst damit: nach allem, was vorgefallen, kann
Köln als freie kaiserliche Reichsstadt sich mit dem Herzog von Burgund
nicht zu Tage geben und die Seinigen nicht hierzu nach Düsseldorf
schicken, solange der Herzog vor Neuss, das wegen des Stiftes Köln
dem Reiche verwandt und in den Schirm der beiden Obersten der
Christenheit gestellt ist, feindlich liegen bleibt und Kölner Bürgern Leib
und Gut beschwert hält. Wird beides abgestellt, so wird Köln gütliche
Vermittelung annehmen, vorbehaltlich der päpstlichen und kaiserlichen
Obrigkeit [406]).

Die Schiedsversuche der Herzöge hatten ihren guten Grund in
der unhaltbaren Lage, in der sie selbst sich befanden. Noch hofften
sie zu vermeiden, sich dem Burgunder förmlich anschliessen zu müssen.
Von Herzog Gerhard erwartete man, wie der Frankfurter Gesandte in
Köln, Walther von Schwarzenberg der Junge, Ende August schrieb,
dass er bei genügendem Zuzug selbst helfen werde, Herzog Karl aus
dem Felde zu treiben. Aber jetzt dürfe er nichts thun, er würde
darüber verderben [407]). Ohne Beistand aus dem Reiche dem mit seinem
Heer inmitten ihrer Gebiete stehenden Burgunder auf eigene Faust sich
zu widersetzen, konnte den am Stiftsstreit zunächst unbeteiligten benachbarten Fürsten und Städten nicht wohl zugemutet werden. Der grosse
Kriegsplan der Kurfürsten von Mainz und Brandenburg, von dem nachher die Rede sein wird, hat die Gebundenheit jener Stände durchaus
anerkannt. Auf wiederholte Anforderungen Karls hin mussten sie vielmehr immer neue Zugeständnisse machen. Vor allem konnten sie, um

---

[406]) Erklärung Kölns Aug. 23 (sehr ausführlich), Burgund. Briefb. Bl. 45
Köln an Strassburg Aug. 29, Briefb. 30 Bl. 171.

[407]) Bericht Schwarzenbergs Aug. 27 Köln, Wülcker S. 22.

Plünderungen möglichst zu verhüten, das Liefern von Lebensmitteln gegen Bezahlung, den feilen Kauf, nicht verweigern[408]). Bis nach Aachen und nach Dortmund erstreckte sich das Gebiet, aus dem Herzog Karl täglich Zufuhr bekam.

Die Parteien im Stift hielten einander aller Orten gegenseitig im Schach. Ruprecht, der persönlich wiederholt in das Heer vor Neuss geritten kam — auch pfälzische Boten sah man dort —, gab seinem Schützer Schlösser und Renten ein[409]). Seine Anhänger hatten eine starke Stellung namentlich in den mittelrheinischen Pflegen Linz, Sinzig, Remagen, Erpel, Unkel, Königswinter[410]) und beschäftigten so die Kräfte des Kapitels im Oberstift. Die Last der Verteidigung im Nieder-stift gegen Herzog Karls Heer lag fast allein auf Neuss und auf Köln[411]). Neuss hielt hart. Es hatte noch längst keine Sorge, überwältigt zu werden. Aber bei allen Verlusten, die es seinen Drängern beibrachte, machten diese doch, seitdem ihnen gegen Mitte August die Besetzung der grossen Rheininsel im Osten der Stadt gelungen war[412]), wesent-liche Fortschritte in der Belagerung. Aus Holland und Geldern kamen zahlreiche Schiffe herauf[413]). Die Jahreszeit war der Unterhaltung des grossen Heeres günstig. Köln allein konnte gegen dasselbe auf die Dauer doch nicht viel ausrichten, die Kosten seiner umfangreichen Rüstungen aber begannen sich schon empfindlich bemerkbar zu machen. Johann von Trier war der Stadt mit seinem Einfluss behülflich, er rüstete wohl auch, doch zum Losschlagen wollte er erst auf andere warten[414]). Heinrich von Hessen war noch nicht zurück. Erst seit Ende August trafen wieder Ergänzungen seiner Truppen in Köln ein, während er selbst von Marburg aus sich von neuem um die Hülfe der

---

[408]) Köln freilich beschwerte sich über diese (nach seiner Vermutung auf Grund von Verträgen geschehenden) Lieferungen; Brief an Rudolf von Sulz Aug. 25, Briefb 30 Bl. 166.

[409]) Köln an K. Friedrich Aug. 26, Briefb. 30 Bl. 168.

[410]) Köln an diese Aug. 25, Briefb. 30 Bl. 167.

[411]) Köln an Rudolf von Sulz Aug. 25.

[412]) Magnum chronicon S. 419; Wierstraat Vers 371 ff. (Städtechr. 20 S. 522 ff).

[413]) [Klocken?] an Johann von Trier Aug. 26 [Köln], Briefb. 30 Bl. 168v, vgl. Annalen 49 S. 23; Herzog Karl an Arnheim Aug. 28 Lager vor Neuss, siehe Nijhoff, Gedenkwaardigheten uit de geschiedenis van Gelderland IV S. 135; Bericht Schwarzenbergs Aug. 29 Köln, gedr. Wülcker S. 74.

[414]) Bericht Schwarzenbergs Aug. 27 Köln, Wülcker S. 22.

erbverbrüderten Fürsten von Brandenburg und Sachsen bewarb[415]). Die westfälischen Nachbarn des Niederrheins, wie Bischof, Adel und Städte von Münster, rührten sich nicht[416]).

Ausserordentlich viel hing in diesem Augenblick vom Verhalten des Kaisers ab. Wenn er sich aufraffte, alle Kräfte des Widerstandes zu schneller und entschlossener That gegen den Burgunder zu vereinen, wenn er selbst herabkam und das Gewicht des kaiserlichen Namens gegen den Feind des Reiches in die Wagschale warf, war an einem guten Erfolg nicht zu zweifeln. Aber im Verzuge war die grösste Gefahr. Namentlich die Stadt Köln legte ihm das alles ans Herz. Sie schickte ihren Rat Dr. Wolter von Bilsen wieder hinauf und bat in dringenden Briefen an den Kaiser selbst und seine Umgebung, besonders an Adolf von Mainz, ein über das andere Mal flehentlich um schleunige Hülfe. Wenn der Kaiser bei Zeiten Widerstand leiste, so sei allen geholfen und er erlange Gottes Lohn, der Welt Ehre und Gut und der ganzen Christenheit ewigen Preis und Dank[417]).

Schnelligkeit war nicht der Fehler Kaiser Friedrichs. Aber die Gefahr für das Reich war nachgerade zu offenkundig, als dass er hätte ganz unthätig bleiben können. Schon am 28. Juli, ehe der Aufbruch Karls von Maastricht droben bekannt war, zugleich mit der ersten Vertröstung Kölns, schrieb Friedrich von Augsburg aus, wo er die ganze Zeit festsass, an eine grössere Anzahl von Fürsten, vor allem an Kurfürst Albrecht von Brandenburg und an Kurfürst Ernst, Herzog Albrecht und Herzog Wilhelm von Sachsen, und bat sie um ihren Rat, was zur Erhaltung des Stifts Köln beim Reiche gegenüber dem vom Erzbischof herbeigerufenen Herzog von Burgund zu thun sei. Schreiben gleichen Inhaltes an die Grafen Ulrich und Eberhard von Württemberg erinnerten noch besonders an Herzog Karls schändliche Handlung gegen Heinrich von Mömpelgard, Ulrichs Sohn, Eberhards Vetter. Auch König Christian von Dänemark wurde gleichzeitig und ähnlich wie die deutschen Fürsten um seinen Rat ersucht[418]). Von dem Doppelspiel des Dänen, das nach-

---

[415]) Siehe u. a. Bericht Schwarzenbergs Aug. 30 Köln, Janssen II 1 S. 352; Heinrich an Albrecht von Brandenburg Aug. 29, Fontes 46 S. 276 und (abweichend) Priebatsch I S. 700.

[416]) Vgl. Köln an Rudolf von Sulz Aug. 29, Briefb. 30 Bl. 169.

[417]) Briefe von Aug. 25, 26, 29, Briefb. 30 Bl. 166 ff.

[418]) Brief an Albrecht verz. Priebatsch I S. 683; an Ernst und an Albrecht (einzeln) erwähnt u. a. Priebatsch S. 684; an Wilhelm gedr. Müller II S. 647; an Ulrich zu vermuten nach Priebatsch S. 693, Aug. 17;

her im Verlaufe des Kriegs so eingreifende Bedeutung erhalten sollte,
hatte man damals keine Ahnung. Zu Kurfürst Albrecht, dessen Beistand ebenso wichtig wie von vorn herein sicher war, sandte der Kaiser
einige Tage später zwecks mündlicher Beratung den Kurfürsten Adolf
von Mainz in Person von Augsburg nach Gunzenhausen. Hier haben
dann die beiden Kurfürsten in den ersten Tagen des August gemeinsam
eine ausführliche, hochbedeutende Denkschrift ausgearbeitet, in der sie 'auf
Ersuchen Kaiser Friedrichs aus Anlass der kölnischen Sache' den Plan
eines gewaltigen Reichsaufgebotes entwarfen und ihre Ratschläge erteilten,
wie man zu gleicher Zeit — denn dass das nötig schien, bildete die
Hauptschwierigkeit — auf der einen Seite der Türken und Ungarn und
auf der anderen Burgunds sich erwehren möchte[419]).

Die Abwehr im Westen, so erklären sie, ist eine durchaus dringende Angelegenheit. Denn Herzog Karls Übergriffe sind eine Feindseligkeit gegen Papst und Kaiser und drohen der deutschen Nation und
dem heiligen Reiche neue Einbusse zu bringen. Deshalb soll zunächst
der Kaiser den Herzog Sigmund von Oesterreich, der schon mit Herzog
Karl in Feindschaft steht, und die Eidgenossen mit ihrem Anhang auf-
fordern, 20000 Mann aufzubringen, wogegen er ihnen seine Hülfe versprechen soll. Dann soll der Kaiser alsbald nach Frankfurt eilen,
dorthin die Kurfürsten von Mainz und Trier, das rheinpfälzische Land,
das Kölner Kapitel und seinen Anhang und andere Benachbarte ent-
bieten und einen Anschlag auf 20000 Mann mit ihnen machen. Er
soll ferner dem Mainzer den Befehl erteilen, dass er als Dechant der
Kurfürsten die von Sachsen und Brandenburg in Person, für den von
Trier vollmächtige Räte auf den 28. August nach Bamberg bescheide.

---

au Eberhard gedr. Sattler, Gesch. Würtembergs unter den Grafen IV, Bei-
lagen S. 98; an Christian erwähnt Priebatsch S. 684.

[419]) Gedr. Chmel, Mon. Habsb. I 1 S. 418—428 (der Anschlag S. 421
bis 425). Unvollständiges Exemplar des Anschlages gedr. Wülcker S. 84 f.
Exemplare in Bamberg und Weimar erwähnt Bachmann, Reichsgesch. II
S. 485. Zur Datierung: 1) Ein brandenburgischer Rat vernahm in Augsburg
[Juli 30], dass Adolf 'des morgens' zu Albrecht nach Gunzenhausen reiten
solle; 2) Albrecht schrieb Aug. 17 (Kolmberg): 'die k. m. hat in (den von
Mentz) zu uns geschickt gein Gunzenhausen des herzogen von Burgundi
halben'; folgt Bericht über den Anschlag; 3) Albrecht war Aug. 8 in Schwa-
bach, Aug. 11 in Ansbach; 4) Adolf war Aug. 10 in Augsburg; 5) K. Friedrich dankte Albrecht Aug. 14 (Augsburg) für den gemeinschaftlich mit Adolf
ausgearbeiteten Anschlag. Priebatsch I S. 688 oben; S. 694 oben; S. 689
Nr. 885 und 691 Nr. 887; S. 691 Nr. 886; S. 693 Nr. 891.

Zu diesem Tage, für den er Adolf als seinen Stellvertreter bevollmächtigt, soll der Kaiser auch den Landgrafen Heinrich von Hessen sowie die Stände von Franken laden, damit dort neben der Kurfürstenberatung ein Anschlag für Franken, Hessen und die sächsischen Lande, ebenfalls auf 20 000 Mann, zu Stande komme. Auch Niederdeutschland von der Mark bis nach Westfalen, mit Einschluss der Reichsstädte an der See, soll auf 20 000 Mann angeschlagen werden. Erzbischof Johann von Magdeburg (ein Bruder Stephans und Ludwigs von Veldenz), Markgraf Johann von Brandenburg (Kurfürst Albrechts Sohn) und Herzog Heinrich von Mecklenburg sollen bevollmächtigt werden, mit den Fürsten und Städten jener Gegenden dies zu bewerkstelligen. Noch vor seinem Abschied von Augsburg soll der Kaiser Anordnungen treffen, dass die bayerischen Herzöge Ludwig, Albrecht und Otto, das oberpfälzische Land und andere Stände in Bayern 10 000 Mann aufbringen. Weitere 10 000 Mann sollen von Baden und Württemberg, deren Fürsten Vollmacht erteilt wird, und von den anderen dortigen Ständen, die nicht im Bunde Herzog Sigmunds sind, aufgestellt werden. Die kaiserlichen Erblande und das Gebiet von Salzburg sollen gleichfalls 10 000 Mann liefern. Endlich soll auch der König von Böhmen 10 000 Mann aufbringen. Für die meisten dieser grossen Heeresabteilungen werden schon gleich genaue Einzelanschläge beigefügt. Diese kommen in ihren Summen zum Teil noch über obige Zahlen hinaus, sodass die Gesamtsumme sich auf über 124 000 Mann stellt. Dabei sind noch eine Reihe westdeutscher Stände ausser Rechnung gelassen, deren Hülfe man vorläufig nicht verlangt, da sie dem Herzog von Burgund zu nahe gelegen, auch zum Teil verwandt seien: die Herzöge von Jülich-Berg und Kleve-Mark, die Reichsstädte Metz und Aachen u. s. w. Wenn das grosse Unternehmen Fortgang gewinnt, dann werden auch sie aufsehen müssen. Man glaubt es dann bis auf 130 000 Mann bringen zu können. Ausserdem seien noch unangeschlagen die Friesen und Ditmarschen und die Könige von Dänemark, Schottland und Polen. Auf ihrer aller Mitwirkung macht man sich nach wie vor Hoffnung. Und zwar sollen Friesen, Dänen und Schotten zur See ihr Augenmerk haben auf den Herzog von Burgund und den mit ihm verbündeten König von England. Christian von Dänemark, dessen freundschaftliche Gesinnung wiederum durchaus keinem Zweifel unterworfen wird, soll auch für die Lande, die er als Lehen des römischen Reiches besitzt, ausdrücklich von der Hülfe zu Lande befreit sein, um zu Wasser desto stattlicher auftreten zu können. Der König von Polen aber soll auf die Türken und Ungarn sehen, in Gemeinschaft mit den Kaiserlichen und Salzburgern, den Bayern und den Schwaben, die nicht in Herzog Sigmunds Bunde sind; denn die 30 000 Mann dieser drei Gruppen sollen sich gegen die östlichen Feinde wenden. Die übrigen 90 000 Mann aber werden des Streites gegen Burgund warten; zu ihnen werden noch die Nichtangeschlagenen am Rhein hinzutreten. Die Truppen Herzog Sigmunds mit den Eidgenossen und die des rheinischen Anschlags sollen alsbald die festen Plätze verwahren. Überall soll auf die kommende Hülfe von Kaiser und Reich vertröstet werden.

Der Kaiser, bitten die Kurfürsten sodann, möge streng darauf halten, dass in Ausführung dieser Pläne jedermann die Bürde gleich trage, und dass nach der Donau ebensogut wie nach dem Rheine jedermann nach seinem Vermögen thue, dass also die oben im Reich Gesessenen nicht etwa des Türkenzuges enthoben werden. Mahnungen, die mit auf den Kaiser selbst gingen und, wie der Verlauf gezeigt hat, sehr berechtigt waren. Die Bayernherzöge zum Beispiel sind ruhig zu Hause sitzen geblieben; über Kaiser Friedrich aber hat der pfälzische Mathias von Kemnat nachher gespottet, der habe mit seiner Klage, dass Herzog Karl Deutschland an sich bringen wolle, erst das Reich aufgewiegelt und Fürsten und Städte in Bewegung gesetzt, und nachher habe er selbst seinen Sold mit 200 Pferden verdient[420]). Auch auf Führung, Ausrüstung und Verpflegung der gewaltigen Truppenmassen erstrecken sich die Ratschläge der beiden Kurfürsten. Unter dem Kaiser als oberstem Kriegsherrn mögen vier Feldhauptleute stehen, ein Fürst von Oesterreich, ein Fürst von Bayern, ein Fürst von Sachsen und ein geistlicher Kurfürst. Für sich selbst also begehrt Albrecht von diesen Stellen keine. In jedem Anschlag sollen je 15 Mann einen Wagen für die Wagenburg mit Büchsen und anderem Gerät haben. In den Vorschlägen wegen der Verpflegung, deren Kosten zu bestreiten im allgemeinen ja jeder Stand für sich sorgen muss, ist eine gewisse gemeinsame Ausgabe von 100 000 Gulden vorgesehen, die nach dem Sprichwort 'wes die Kuh ist, der halte sie beim Schwanz' zur Hälfte von der Stadt Köln, zur Hälfte aus einem näher bestimmten zweijährigen Gebrauch der Zölle im Stift aufgebracht werden soll.

Am Schluss taucht, nur ganz leise, der Gedanke an die Hülfe Frankreichs wieder auf. Der Kaiser möge Botschaft zu König Ludwig senden. Wirklich hat in den folgenden Monaten der Plan eines Bünd-

---

[420]) Quellen zur bayer. Gesch. II S. 92.

nisses zwischen Kaiser und Kurfürsten und dem König von Frankreich
festere Gestalt gewonnen, da Ludwig diesmal mehr auf die Sache ein-
ging[421]). Seit dem Oktober 1474 hören wir von Verhandlungen zu
Mainz, wo dann noch vor Mitte Dezember die Grundlage des später in
der That vollzogenen Bündnisses festgelegt worden zu sein scheint[422]).
Damals jedoch standen diese Dinge noch in weiter Ferne. Die Vorschläge der beiden Kurfürsten bauten in der Hauptsache auf des Reiches
eigene Kräfte, die sie, wie man sieht, sehr hoch anschlugen.

Aber war es wirklich möglich, diese Kräfte so, wie es hier gedacht war, zu einem einheitlichen grossen Unternehmen zusammenzu-
fassen? Der Zustand des Reiches musste das fast als einen Traum erscheinen lassen. Auch einem Oberherrn von grösserer Thatkraft, als
Kaiser Friedrich sie besass, sollte es schwer gehalten haben, solch
kühne Pläne zu verwirklichen. Nicht alle Stände dachten so, wie Kurfürst Albrecht, der auf den besonderen Dank des Kaisers erwiderte,
dessen bedürfe es nicht; er erfülle nur seine Pflicht, wenn er der Sache
des Reiches Opfer bringe und seinem rechten Herrn getreuen Beistand
leiste[423]). Die Antworten, die sonst auf das Ratersuchen des Kaisers
einliefen, lauteten sehr verschieden. Es war immerhin eine ganz an-
sehnliche Zahl von Fürsten und Städten, die sich zur Rettung willig
zeigte, 'ehe das Loch zu gross werde'. Ulrich von Württemberg erinnerte an das alte Wort 'principiis obsta'[424]). Aber anderwärts lähmten
persönliche Rücksichten. So mochte Eberhard von Württemberg als
Schwestersohn Erzbischof Ruprechts diesen gewiss nur ungern bekämpfen.
Oder es standen Streitigkeiten der einzelnen Stände unter einander und
landschaftliche Sorgen im Wege. So waren die sächsischen Fürsten auf
der einen Seite in Händeln mit dem Bischof von Würzburg, auf der
anderen zog sie der drohende polnisch-ungarische Krieg in Mitleiden-
schaft. In weiten Kreisen war der Reichsgedanke überhaupt erstorben
oder wenigstens in tiefem Schlaf befangen. Mit Entrüstung hörte Kur-

---

[421]) In Köln bildete sich schon im August das merkwürdige Gerücht,
der Stadt sei französische Hülfe in Aussicht gestellt worden; siehe Janssen II 1
S. 351 und 352, Berichte Schwarzenbergs Aug. 27 und 30 Köln.

[422]) Vertragspunkte von Mainz, aus der Zeit von Kaiser Friedrichs
Aufenthalt in Frankfurt, gedr. Müller S. II 670 u. s. w.

[423]) Albrecht an Friedrich Aug. 18 Kolmberg, gedr. Arch. für Kunde
österr. Geschichtsqu. VII S. 101 und Priebatsch I S. 696.

[424]) Albrecht von Brandenburg an Albrecht von Bayern Aug. 19, an
Dr. Georg von Absberg Aug. 17, Kolmberg, gedr. Priebatsch I S. 696 und 693.

fürst Albrecht von dem Gerücht, Herzog Sigmund mit den Schweizern
und dem dortigen Bund wollten Frieden mit Herzog Karl halten, während dieser das Reich befehde, dessen Fürsten, Glieder und Unterthanen
sie doch seien. Wenn der eine sich befrieden wolle, der andere die
Schultern hochziehen und die Sache dem Nachbarn zuschieben, dann sei
allerdings wenig auszurichten [425]). Albrechts weitere Äusserung, ihn
kümmere das Stift Köln mehr als das Stift Würzburg, scheint auf die
Sachsen gemünzt zu sein. In der That lautete deren gemeinsame Antwort auf das kaiserliche Rundschreiben, die damals unterwegs war, sehr
kühl. Sie erklärten sich zwar bereit, namentlich in Rücksicht auf die
Kurwürde des einen von ihnen, sich ganz nach anderen Ständen zu
richten, glaubten jedoch, dass der Kaiser, der wohl längst seine Beschlüsse gefasst habe, ihres Rates nicht bedürfen werde [426]).

Dass es dem Kaiser Ernst sei mit dem Krieg gegen Burgund,
nahm man allgemein an. In Nürnberg verlautete, noch ehe man dort
von dem Einfall Karls Kunde hatte, der Kaiser werde nach Frankfurt
gehen, die Seinen im Reich zu sich fordern und zum Schutz Kölns und
anderer dem Herzog entgegen treten [427]). Die wieder angeknüpften
Versuche, eine Verständigung des Kaisers mit Friedrich von der Pfalz
zu erzielen, schienen dem Vorhaben mit die Wege zu ebnen. Der Pfalzgraf hatte auf Zureden Christians von Dänemark und Ludwigs von
Bayern Räte nach Augsburg geschickt; im Juli und August wurde dort
nicht ohne — freilich trügerische — Hoffnung auf Erfolg verhandelt [428]).
Den von den beiden Kurfürsten für ihn ausgearbeiteten Plan des grossen
Reichsaufgebotes hat sich Kaiser Friedrich lebhaft angeeignet; der Entwurf ist in seinen Zahlen die Grundlage des nachherigen 'Grossen Anschlages' geblieben. Den sächsischen Fürsten liess der Kaiser den Plan
durch den Reichserbmarschall Ritter Rudolf von Pappenheim vorlegen,
der zu mündlicher Wiederholung des Ersuchens um ihren Rat an sie
abging. Pappenheim bat nicht nur um ihre Zustimmung zu dem Anschlag, sondern auch schon um eine Erklärung, wohin sie ihren Anteil
schicken würden [429]).

---

[425]) Brief an Absberg Aug. 17.

[426]) Aug. 14 Weimar, verz. Priebatsch I S. 692.

[427]) Bericht nach Köln Aug. 14, Stadtarch.; Auszug Priebatsch I S. 692.

[428]) Vergleichsentwurf Aug. 23 Augsburg u. s w., siehe z. B. Quellen
zur bayer. Gesch. II S. 491 ff.

[429]) Dass dieser auf 8000 Mann angegeben wird, zeigt, dass es sich
um das grosse Aufgebot für Ernst, Albrecht und Wilhelm handelt. Bericht

Aber zunächst war eine eilende Hülfe notwendig. Denn inzwischen war die Nachricht nach Augsburg gekommen, dass Herzog
Karl seit Ende Juli vor Neuss liege und weiter vor Köln zu ziehen
gedenke, das nur ungenügend gerüstet sei. So schrieb wenigstens
Adolf von Mainz am 12. August mit der Bitte um Hülfe an Ernst
von Sachsen [430]). Dem Kölner Rat war bereits bis zum 25. August
zu Ohren gekommen, dass wegen der dringenden Gefahr vorerst ein
kleiner Anschlag gemacht worden sei [431]). Thatsache ist, dass der
Kaiser schon am 13. August, sobald er das Eintreffen des Herzogs
vor Neuss erfahren hatte, an eine Reihe oberdeutscher Reichsstädte,
nicht nur an die grossen, wie Frankfurt und Nürnberg, sondern auch
an kleinere, wie zum Beispiel Windsheim, den Befehl hat ergehen lassen,
einen möglichst starken Reisigenzug gen Köln zu senden, damit man
sich dort so lange halte, bis er selbst mit der Reichshülfe anlange [432]).
Gleichzeitig scheint der Kaiser an Herzog Karl und an Erzbischof
Ruprecht geschrieben zu haben. Der Frankfurter Gesandte in Köln
berichtete nach Hause, der kaiserliche Bote, der zu Frankfurt gewesen,
sei am 22. August aus Köln (mit grosser Sorge) zu Herzog Karl hinab-
geritten mit Briefen an ihn und den Erzbischof; am 28. August sei er
mit schriftlicher Antwort vom Herzog nach Köln zurückgekehrt; über
den Inhalt des Briefwechsels sei nichts zu erfahren gewesen [433]). Andere
Nachrichten über diese Begebenheit, an der doch wohl nicht zu zweifeln
ist, sind nicht vorhanden. Die nächsten Schritte des Kaisers sind jedenfalls durch sie nicht beeinflusst worden: ehe er Antwort vom Herzog
erhalten konnte, hat er weitere Massregeln gegen ihn ergriffen.

Am 22. August wurde der Sendbote Kölns, der mit den Hülfe-

über Pappenheims Werbung in Dresden bei Ernst und Albrecht [aufgesetzt für
Wilhelm, vor Sept. 2]; Auszüge Priebatsch I S. 703 Anm. 2; Markgraf, De
bello Burgundico S. 15; Bachmann, Reichsgesch. II S. 488; hier (Anm. 7)
das Datum 'Aug. 25'.

[430]) Aug. 12 Augsburg, verz. Priebatsch I S. 692.

[431]) Köln an Rudolf von Sulz Aug. 25, Briefb. 30 Bl. 166. Man hat
'den kleinen Anschlag' von Augsburg in einem aus dem Archiv Kurfürst
Albrechts stammenden Entwurf erkennen wollen, der jedoch nicht recht klar
ist und wohl nicht unmittelbar hierher gehört. Gedr. Fontes 46 S. 275.

[432]) Aug. 13 Augsburg; Brief an Frankfurt verz. Wülcker S. 19; au
Windsheim gedr. Annalen 17 S. 193; über Nürnberg siehe Städtechr. 10
S. 412 Anm. 2.

[433]) Schwarzenberg Aug. 23 und 29 Köln, Janssen II 1 S. 351 und
Wülcker S. 74.

Diemar, Entstehung d. d. Reichskrieges.   7

gesuchen der Stadt vom 1. August in das Reich heraufgekommen war, zu Augsburg mit Trostbriefen und mündlichem Bescheid Kaiser Friedrichs und Ludwigs von Veldenz nach Hause abgefertigt[434]). An demselben Tage, an dem er heimkam, dem 7. September, ist in Köln die Rede von einem ersten Anschlag auf 16 600 Mann, den man in Kürze mit dem Reichsbanner herabkommen zu sehen und mit den eigenen Truppen vereinigen zu können hoffte[435]). Das hängt, wie ich denke, zusammen mit den Gebotbriefen, die der Kaiser am 27. August an zahlreiche Fürsten und Städte hat ausgehen lassen und die den einzelnen Ständen bei Verlust aller Freiheiten anbefahlen, für den beschlossenen Krieg gegen Herzog Karl von Burgund gewisse Truppenmengen zum 21. September bei Koblenz ins Feld zu stellen. Das so sich sammelnde Heer solle unter einem Hauptmann, den der Kaiser dazu ordnen werde, eine Zeit lang da, wo es am nötigsten sei, im Feld bleiben. Für die zu vorläufiger Hülfesendung nach Köln angewiesenen Reichsstädte, die dies neue Gebot mit betraf, erlosch damit stillschweigend jener erste Auftrag. Er hatte wenig Beachtung gefunden. Nürnberg schrieb an Windsheim am 22. August, es habe sich wegen des Aufgebots nach Köln noch nicht entschlossen, und am 29., es habe im Umkreis Acht gehabt, ob jemand rüste; da niemand das thue, lasse man die Dinge einstweilen ruhen[436]). Frankfurt meinte ganz richtig, augenblicklich einen vereinzelten Reisigenzug nach Köln zu schicken, das sich selbst mit Volk reichlich versehen habe, sei verlorener Aufwand. Erst dann sei es an der Zeit, Hülfe zu leisten, wenn ein allgemeiner Widerstand ins Werk gesetzt werde[437]). Das geschah nunmehr wirklich durch das Aufgebot vom 27. August, das an Kurfürsten, geistliche und weltliche Fürsten und Reichsstädte Oberdeutschlands in weitem Umfang erging[438]).

---

[434]) Friedrich an Köln, Ludwig an Köln, Aug. 22, praes. Sept. 7; Stadtarch., vgl. Annalen 49 S. 22. — Der Bote war Johann Tute von Münster.

[435]) Köln an Dr. Bilsen Sept. 7, Briefb. 30 Bl. 176.

[436]) Städtechr. 10 S 412 Anm. 2.

[437]) Janssen II 1 S. 346 Anm., Ratschlag für den Städtetag zu Speier auf Sept. 14. Vgl. Wülcker S. 25, Frankfurt an Schwarzenberg Sept. 6.

[438]) Sicher anzunehmen ist es für Adolf von Mainz und für Johann von Trier (vgl. dessen Brief an Köln Sept. 21, Goerz S. 240). Bezeugt ist es für Albrecht von Brandenburg und Ernst und Albrecht von Sachsen (siehe Priebatsch I S. 699), für Frankfurt (Auszug Wülcker S 23), Schweinfurt, Wimpfen, Heilbronn, Hall, Dinkelsbühl, Rothenburg (diese 6 hatten Okt. 26 Truppen in Frankfurt, Wülcker S. 34), Windsheim (Okt. 5 vom Kaiser gemahnt, Annalen 17 S. 194), Nürnberg (Städtechr. 10 S. 412 Anm. 3), Weissen-

Auch Niederdeutschland wurde bereits ins Auge gefasst [439]). Das Aufgebot forderte zahlenmässig genau bestimmte Kontingente, vom künftigen grossen Anschlag war es, soweit die Beispiele zeigen, etwa ein Drittel [440]), wobei es jedoch einen bedeutenden Unterschied zu Gunsten der Städte ausmachte, dass von ihrer Mannschaft nur ein Viertel, von der der Fürsten ein Drittel beritten sein sollte. Für je 10 Mann war ein Wagen gefordert, mit Ketten, Wagenkörben, Büchsen, Hauen, Schaufeln und was zur Wagenburg gehört. Nach Köln schickte der Kaiser gleichzeitig mit mündlichem Auftrag den Domherrn Georg Hessler, den er soeben zu seinem Rat ernannt hatte [441]). Am 28. August erging — neben einer Reihe besonderer — ein allgemeiner Abforderungsbrief an alle mit Herzog Karl zu Felde liegenden Grafen, Herren, Ritter, Knechte und Städter aus dem Reich: bei Verlust aller Freiheiten sollten sie sofort abziehen und den Herzog in seinem mutwilligen Vornehmen im Kurfürstentum Köln weder öffentlich noch heimlich unterstützen [442]).

Von vorn herein betrachtete Kaiser Friedrich auch das Aufgebot vom 27. August nur als ein vorläufiges. Dass mit ihm allein dem Vornehmen Herzog Karls nicht genügend Widerstand geleistet werden könne, erklärte er schon tags zuvor in einem Brief, durch den er die Sachsen ebenso wie den Brandenburger und andere umwohnende Fürsten auf den 14. September zu einem Tage nach Würzburg einlud. Er hörte gerade in diesem Augenblick, dass die sächsisch-würzburgischen

---

burg, Nördlingen (diese 2 hatten Okt. 16 Truppen in Ehrenbreitstein, Annalen 49 S. 31), Ulm (Okt. 5 vom Kaiser gemahnt, v. Stälin, Wirtembergische Gesch. III S. 578 Anm. 3) und Augsburg (Druck Fugger-Birken S. 796 und Müller II S. 649).

[439]) Das zeigt die Aufbietung Lüneburgs (Hanserecesse 1431—1476 VII S. 436 Anm.) und Braunschweigs; beide wurden von Köln, bei dem sie sich erkundigten, gemahnt, Lüneburg Sept. 27, Braunschweig Okt. 8 (Briefb. 30 Bl. 190 und 197, Hanserec. S. 435 Anm.).

[440]) Ernst und Albrecht von Sachsen 1300 von 4000, Albrecht von Brandenburg 700 von 2000, Frankfurt 400 von 1000, Nürnberg 300 von 1000, Windsheim 30 von 100, Weissenburg 20 von 60. (Die Zahlen des grossen Anschlags entnehme ich verschiedenen Quellen).

[441]) Beglaubigung Aug. 27, Stadtarch.; Ernennung Aug. 25, Chmel, Regesten Nr. 6924.

[442]) Stadtarch.; Exemplar des allgemeinen Briefes, Auszug Annalen 49 S. 23, und 4 nicht verwendete Einzelbriefe (an die Grafen 'N.' von Bentheim und Georg von Virneburg-Schöneck, die Herren Diether zu Isenburg und Johann zu Gehmen und Wewelinghofen).

Irrungen gütlich beigelegt worden seien[443]). Die Sachsen, die dem Marschall von Pappenheim gegenüber, obgleich sie ihre Bedenken betonten,
doch im allgemeinen die Erklärung ihrer Willigkeit zum Helfen wiederholten[444]), waren auch dem Würzburger Tage nicht abgeneigt. Freilich
der Zeitpunkt war ihnen zu früh. Ebensowenig passte dieser dem
Brandenburger[445]). Und dem Kaiser selbst entstanden Verlegenheiten,
die ihn bis zum 24. September in Augsburg festgehalten haben.

Einstweilen waren allerdings solche Beratungen, wie die für Würzburg geplante, entbehrlich, da auch ohne das die kaiserlichen Befehle,
weit und gleichmässig verbreitet, ernst und bestimmt lautend, allgemeinen Eindruck machten und williges Entgegenkommen fanden. Zwar
krankte das Aufgebot vom 27. August 1474 wie so viele kaiserliche
Ladungen an dem Fehler, dass es zu kurze Frist ansetzte, was dann,
wie gewöhnlich, so auch hier mehr hemmte als förderte. Selbst Kurfürst Albrecht, gewiss einer der bereitwilligsten, erklärte alsbald, so
schnell könne er nicht rüsten[446]). Aber ein grundsätzlicher Widerspruch
erhob sich nirgends. Obwohl es dem Herkommen völlig entgegenlief,
dass ohne Reichstagsbeschluss, lediglich aus kaiserlicher Machtvollkommenheit, zum Kriegszug aufgeboten wurde, und dass nicht auf Grund
einer öffentlich vereinbarten Matrikel, sondern nach einseitiger Fest-
setzung durch den Kaiser einem jeden Stand das Mass seiner Pflicht
bestimmt wurde, so verlautet doch nichts von etwa erhobenen staats-
rechtlichen Bedenken[447]). Eine höchst merkwürdige Erscheinung, die
sich nur aus der politischen Stimmung in Deutschland genügend erklären lässst, aus der Unterstützung, die der Ruf des Reichsoberhauptes
fand in dem immer lebhafter sich verbreitenden Gefühl, dass bei der

---

[443]) Siehe Priebatsch I S. 699 f.

[444]) Quelle oben S. 96 Anm. 429.

[445]) Ernst, Wilhelm und Albrecht von Sachsen Sept. 7 Leipzig und
Albrecht von Brandenburg [Sept. 2 Neustadt a. d. Aisch] an den Kaiser,
verz. Priebatsch I S. 705 und 704.

[446]) Brief an den Kaiser Sept. 2 Neustadt, gedr. Fontes 46 S. 277,
vgl. Priebatsch I S. 701.

[447]) Vgl. Gothein, Politische und religiöse Volksbewegungen S. 58 ff.;
Ulmann, Kaiser Maximilian I S. 25 f. und S. 325 ff.; Bachmann, Dtsch. Reichs-
gesch. II S. 486 f. Es ist nicht zu ersehen, wie Ulmann in seinem lebhaften
Widerspruch gegen Gothein sich mit den Thatsachen unseres bis in den
Sommer 1475 'durchgeführten' Reichskrieges abfinden will. Bachmann geht
auf die Frage nicht näher ein; hier verbietet das die zeitliche Grenze der
Darstellung.

Abwehr burgundischer Übergriffe vom Boden des Reiches die deutsche Ehre im Spiel sei [448]). Der unruhige wälsche Nachbar belebte weithin den nationalen Gedanken. Dass der übermütige Fremde Kaiser werden wolle, eine Absicht, die man ihm auch jetzt noch vielfach zuschrieb, erregte den Deutschen das Gemüt. Mehr als irgend ein Reichsunternehmen seit langer Zeit, gewann der Krieg gegen den Herzog Karl Volkstümlichkeit; sie überbrückte selbst die Eifersucht zwischen Fürsten und Städten. Alle Welt, schrieb man damals, will aufsein gegen Burgund. Bald hörte man hier und dort von mehr oder minder emsig betriebenen Rüstungen. Und so begann denn nach und nach der Auszug des heiligen Reiches wider den kühnen Herzog wirklich in Gang zu kommen.

---

[448]) Die tiefgehende politische Erregung des deutschen Volkes zur Zeit des Neusser Krieges, welche Gothein a. a. O. S. 4 ff. (vgl. S. 36 über Landgraf Hermann, auch S. 53) doch wohl zu sehr verallgemeinernd in grellen Farben ausmalt, kommt hier nur in ihren Anfängen in Betracht.